TURING 智源人工智能丛书

导论图神经网络

刘知远 周界 ——

著

李泺秋 ——

译

Introduction to
Graph
Neural
Networks

G
N
N

U0390273

人民邮电出版社
北 京

图书在版编目（CIP）数据

图神经网络导论 / 刘知远，周界著；李泺秋译. -- 北京：
人民邮电出版社，2021.4
（智源人工智能丛书）
ISBN 978-7-115-55984-5

Ⅰ．①图… Ⅱ．①刘… ②周… ③李… Ⅲ．①人工神经
网络－研究 Ⅳ．①TP183

中国版本图书馆CIP数据核字(2021)第026392号

内 容 提 要

图神经网络（GNN）是基于深度学习的图数据处理方法，因其卓越的性能而受到广泛关注。本书全面介绍了GNN的基本概念、具体模型和实际应用。书中首先概述数学基础和神经网络以及图神经网络的基本概念，接着介绍不同种类的GNN，包括卷积图神经网络、循环图神经网络、图注意力网络、图残差网络，以及几个通用框架。此外，本书还介绍了GNN在结构化场景、非结构化场景和其他场景中的应用。读完本书，你将对GNN的最新成果和发展方向有较为透彻的认识。

本书既适合人工智能方向的学生和学者阅读，也适合从事深度学习和神经网络相关工作的企业界人士参阅。

◆ 著　　　刘知远　周　界
　　译　　　李泺秋
　　责任编辑　谢婷婷
　　责任印制　周昇亮

◆ 人民邮电出版社出版发行　　北京市丰台区成寿寺路11号
　　邮编　100164　　电子邮件　315@ptpress.com.cn
　　网址　https://www.ptpress.com.cn
　　廊坊市印艺阁数字科技有限公司印刷

◆ 开本：880×1230　1/32
　　印张：5　　　　　　　　　　2021年4月第1版
　　字数：134千字　　　　　　　2024年10月河北第10次印刷
　　著作权合同登记号　图字：01-2020-5693号

定价：69.80元
读者服务热线：(010)84084456-6009　印装质量热线：(010)81055316
反盗版热线：(010)81055315
广告经营许可证：京东市监广登字20170147号

版权声明

前　　言

　　深度学习在诸如计算机视觉和自然语言处理等领域取得了显著的成果。在这些任务中，数据一般是在欧几里得域中表示的。然而，在诸如物理系统建模、分子指纹学习、蛋白质作用位点预测等许多其他任务中，需要处理非欧几里得结构的图数据。这些数据包含元素之间丰富的关系信息。图神经网络是基于深度学习的图数据处理方法。由于其卓越的性能和较好的可解释性，图神经网络近年来被广泛应用于图分析。

　　本书将全面地介绍图神经网络的基本概念、具体模型和实际应用。首先概述阅读本书所需的数学知识和神经网络基础知识，以及图神经网络的基本概念，接着介绍不同种类的图神经网络，包括卷积图神经网络、循环图神经网络、图注意力网络、图残差网络，以及几个通用框架。这些种类的图神经网络将不同的深度学习技术引入了图结构，例如卷积神经网络、循环神经网络、注意力机制和跳跃连接。然后，本书介绍图神经网络在不同场景中的应用，如结构化场景（物理学、化学、知识图谱）、非结构化场景（图像和文本）以及其他场景（生成模型和组合优化）。最后，本书列举相关的数据集、开源平台以及图神经网络的不同实现。

　　本书的内容结构如下。

第 1 章概述图神经网络，第 2 章介绍数学和图论的基础知识，第 3 章是对神经网络的基本介绍。

第 4 章介绍基础图神经网络，第 5 ～ 8 章分别介绍 4 类图神经网络模型。第 9 章介绍处理不同图类型的模型变体，第 10 章介绍一些高级的训练方法。第 11 章提出几个通用的图神经网络框架。

第 12 ～ 14 章分别介绍图神经网络在结构化场景、非结构化场景和其他场景中的应用。

第 15 章提供一些开放资源，第 16 章是对全书内容的总结。

致　　谢

我们要感谢以下为本书各章做出贡献并提供建议的人。

- ❏ 第 1 章：崔淦渠、张正彦
- ❏ 第 2 章：白雨石
- ❏ 第 3 章：白雨石
- ❏ 第 4 章：张正彦
- ❏ 第 9 章：张正彦、崔淦渠、胡声鼎
- ❏ 第 10 章：崔淦渠
- ❏ 第 12 章：崔淦渠
- ❏ 第 13 章：崔淦渠、张正彦
- ❏ 第 14 章：崔淦渠、张正彦
- ❏ 第 15 章：白雨石、胡声鼎

我们还要感谢为本书内容提供反馈的人：杨成、吴睿东、舒畅、杜雨峰和张家友。本书的撰写过程受到了国家重点研发计划（No.2018YFB1004503）和 2020 年腾讯广告犀牛鸟专项研究计划的资助。

　　最后，我们要感谢所有帮助本书出版的编辑人员、审校人员和其他工作人员。没有你们的帮助，本书将无法面世。

刘知远

周　界

2020 年 3 月

目　　录

引　论

图是一种数据结构,它针对一组对象及其相互关系建模,其中,对象就是图中的节点,关系则是图中的边。由于图结构具有很强的表示能力,因此近年来,使用机器学习方法来分析图结构的研究越来越受到关注。图结构可用于表示不同领域的许多系统,这些领域包括社会科学(社交网络)[1,2]、自然科学(物理系统[3,4]和蛋白质交互网络[5])、知识图谱等[6,7]。作为机器学习中独特的非欧几里得数据结构,图结构广泛用于针对节点分类、链接预测和聚类问题的研究。

图神经网络(graph neural network,GNN)是图领域中的基于深度学习的方法,因其卓越的性能和较好的可解释性而被广泛用于图分析。接下来描述图神经网络的设计动机。

1.1　设计动机

1.1.1　卷积神经网络

近些年来,以 Yann LeCun 等人提出的**卷积神经网络**(convolutional

neural network，CNN）[8] 为代表的深度学习模型取得了巨大的进展。由于 CNN 能够提取多尺度局部空间特征，并进一步将其组合为具有较强表示能力的特征，因此它给整个机器学习领域带来了突破，并引发了深度学习革命。

随着对 CNN 的深入理解，我们发现它有三个关键特点：局部连接、共享权重和多层结构[9]。这些特点对于解决图论问题非常重要，原因如下。

- ❏ 图是最典型的局部连接结构。
- ❏ 和传统的谱图理论方法[10] 相比，共享权重的计算开销更低。
- ❏ 多层结构能捕捉不同大小的特征，这种结构是处理层次化模式的关键。

然而，CNN 仅能处理规则的欧几里得数据，如图像（二维网格）和文本（一维序列）。由于这些数据可以被视为图结构数据的一类特例，因此人们自然想到将 CNN 泛化到图上。如图 1-1 所示，在图上定义局部卷积过滤器和池化算子存在一定的难度，这使得 CNN 无法直接转化并运用于非欧几里得数据域。

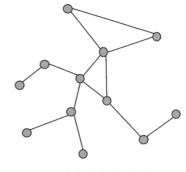

图 1-1　欧几里得空间中的图（左）与非欧几里得空间中的图（右）

1.1.2　图嵌入

图神经网络所受的另一个启发来自图嵌入[11-15]。**图嵌入**（graph embedding）旨在学习用低维向量表示图的节点、边或子图。在图分析中，传统的机器学习方法通常依赖手动特征工程，并且受限于低灵活性和高成本的问题。随着**表示学习**（representation learning）和词嵌入[16]的成功，第一种基于表示学习的图嵌入方法出现，这便是 DeepWalk[17]，它在随机生成的路径中应用了 SkipGram 模型[16]。诸如 node2vec[18]、LINE[19] 和 TADW[20] 等方法也取得了后续突破。

然而，以上方法具有两大缺点[14]。首先，这些方法是基于嵌入学习的方法，参数量随着节点数线性增长，大部分方法也不能处理拥有节点属性的图。其次，直接的嵌入方法缺乏泛化能力，也就是说，这些方法无法处理动态增长的图，也无法推广到新的图上。

1.2　相关工作

目前已经有不少对图神经网络的综述。2017 年，Federico Monti 等人[21]提出了统一框架 MoNet，它用于将 CNN 架构推广到非欧几里得数据结构（如图和流形），并且该框架涵盖数种针对图的谱方法[2,22]以及一些针对流形的模型[23,24]。M. M. Bronstein 等人为几何深度学习提供了全面的综述[25]，并介绍了这一领域的问题定义、难点、解决方案、实际应用和未来的发展方向。Monti 和 Bronstein 等人致力于将 CNN 架构推广到图结构和流形结构。

在本书中，我们只关注定义在图上的问题，并探讨图神经网络所

用的其他机制，如门控机制、注意力机制和跳跃连接等。Justin Gilmer
等人 [26] 于 2017 年提出了一个涵盖多种图神经网络方法和图卷积网络
方法的框架，即**消息传播神经网络**（message passing neural network，
MPNN）。Xiaolong Wang① 等人 [27] 于 2018 年提出了**非局部神经网络**
（non-local neural network，NLNN），它统一了多种基于"自注意力"的
方法。不过，在最初的论文中，模型并不是显式定义在图上的。Gilmer
和 Wang 等人的论文关注具体的应用领域，并针对如何用各自的框架泛
化其他模型给出了一些例子，但没有提供针对图神经网络模型的综述。

J. B. Lee 等人 [28] 对图注意力网络做了综述。Peter W. Battaglia 等人 [3]
提出了图网络框架，该框架具有较强的泛化能力。然而，图网络模型十
分抽象，而 Battaglia 等人仅给出了笼统的应用分类。

Ziwei Zhang 等人 [29] 和 Zonghan Wu 等人 [30] 为图神经网络撰写了全
面的综述论文，这两篇论文主要关注不同的图神经网络模型。Wu 将图
神经网络分为四类：循环图神经网络、卷积图神经网络、图自编码器，
以及时空图神经网络。不过，本书的分类方式有所不同。第 6 章介绍循
环图神经网络，第 5 章和第 7 章分别介绍卷积图神经网络和它的一个变
体：图注意力网络。考虑到时空图神经网络主要用于动态图结构，我们
将在 9.4 节中了解这一类图神经网络。10.4 节介绍图自编码器，它采用
无监督式训练方法。

本书将全面介绍不同的图神经网络模型，并为其应用给出系统的分
类。全书内容概述如下。

---

① 因为本书提及的论文全为英文论文，所以中文人名与论文作者的汉语拼音署名保
持一致。——编者注

□ 针对现有的图神经网络模型给出翔实的综述，包括图神经网络的原模型，以及基于不同传播机制、适用于不同图类型、采用不同训练方法的多种变体，还给出数个通用框架。此外，我们给出了不同模型的设计思路与相应对比。

□ 针对图神经网络的应用给出系统的分类，将其分为结构化场景、非结构化场景和其他场景，并为每一类场景都列举数个主要应用及其对应的解决方案。

第2章

数学和图论基础

2.1 线性代数

　　线性代数的语言和概念已在计算机科学的许多领域中得到广泛使用，对于机器学习也不例外。只有透彻理解线性代数，才能深入理解机器学习。本节将简要回顾线性代数中的一些重要概念和计算方法，这些内容对于理解本书的其余部分是必不可少的。

2.1.1 基本概念

　　标量（scalar）表示一个数字。

　　向量（vector）是有序的一列数，可以用如下方法表示：

$$x = \begin{bmatrix} x_1 \\ x_2 \\ \vdots \\ x_n \end{bmatrix} \qquad (2.1)$$

范数（norm）用于衡量向量的长度，范数 L_p 的定义如下：

$$\|x\|_p = \left(\sum_{i=1}^{n} |x_i|^p\right)^{\frac{1}{p}} \tag{2.2}$$

L_1、L_2、$L\infty$ 等范数在机器学习中很常见。

L_1 可以被简化为：

$$\|x\|_1 = \sum_{i=1}^{n} |x_i| \tag{2.3}$$

在欧几里得空间 $\mathbb{R}^n$ 中，L_2 适用于衡量向量的长度，其中：

$$\|x\|_2 = \sqrt{\sum_{i=1}^{n} x_i^2} \tag{2.4}$$

$L\infty$ 也叫作最大范数（max norm）：

$$\|x\|_\infty = \max_i |x_i| \tag{2.5}$$

通过范数 L_p，两个在同一线性空间中的向量 x_1 和 x_2 之间的距离可以定义为：

$$D_p(x_1, x_2) = \|x_1 - x_2\|_p \tag{2.6}$$

对于一组向量 $x_1, x_2, \cdots, x_m$，它们是线性无关的，当且仅当不存在一组不全是 0 的标量 $\lambda_1, \lambda_2, \cdots, \lambda_m$，使得：

$$\lambda_1 x_1 + \lambda_2 x_2 + \cdots + \lambda_m x_m = 0 \tag{2.7}$$

矩阵（matrix）是二维数组，可以用如下方式表示：

$$A = \begin{bmatrix} a_{11} & a_{12} & \cdots & a_{1n} \\ a_{21} & a_{22} & \cdots & a_{2n} \\ \vdots & \vdots & \ddots & \vdots \\ a_{m1} & a_{m2} & \cdots & a_{mn} \end{bmatrix} \tag{2.8}$$

注意，$A \in \mathbb{R}^{m \times n}$。

给定矩阵 $A \in \mathbb{R}^{m \times n}$ 和 $B \in \mathbb{R}^{n \times p}$，两个矩阵的乘积是 $C = AB \in \mathbb{R}^{m \times p}$，其中：

$$C_{ij} = \sum_{k=1}^{n} A_{ik} B_{kj} \tag{2.9}$$

可以证明，矩阵乘法符合结合律，但不一定符合交换律：

$$(AB)C = A(BC) \tag{2.10}$$

上式对任意矩阵 A、B、C 均成立（前提是乘法合法）。然而，对于任意矩阵 A 和 B，下式并不总是成立：

$$AB = BA \tag{2.11}$$

对任意 $n \times n$ 矩阵 A（称为方阵），其**行列式**（determinant，也可记作 $|A|$）可以表示为：

$$\det(A) = \sum_{k_1 k_2 \cdots k_n} (-1)^{\tau(k_1 k_2 \cdots k_n)} a_{1k_1} a_{2k_2} \cdots a_{nk_n} \tag{2.12}$$

其中 $k_1 k_2 \cdots k_n$ 为 $1, 2, \cdots, n$ 的一个全排列，$\tau(k_1 k_2 \cdots k_n)$ 是排列 $k_1 k_2 \cdots k_n$ 的

逆序数（inversion number），即排列中逆序对（形如 $a_i > a_j, i < j$）的个数。

如果 A 是一个方阵，那么 A 的**逆矩阵**（inverse matrix，记作 A^{-1}）满足：

$$A^{-1}A = I \tag{2.13}$$

其中 I 是 $n \times n$ 的单位矩阵。当且仅当 $|A| \neq 0$ 时，A^{-1} 存在。

矩阵 A 的**转置**（transpose）A^{T} 是符合以下式子的矩阵：

$$A^{\mathrm{T}}_{ij} = A_{ji} \tag{2.14}$$

另一种常用的矩阵运算是**阿达马积**（Hadamard product）。对于矩阵 $A \in \mathbb{R}^{m \times n}$ 和 $B \in \mathbb{R}^{m \times n}$，其阿达马积 $C \in \mathbb{R}^{m \times n}$ 为：

$$C_{ij} = A_{ij} B_{ij} \tag{2.15}$$

张量（tensor）是任意维数的数组。大部分矩阵运算同样适用于张量。

2.1.2　特征分解

对于方阵 $A \in \mathbb{R}^{m \times n}$，其**特征向量**（eigenvector）$v \in \mathbb{C}^n$ 和 v 对应的**特征值**（eigenvalue）$\lambda \in \mathbb{C}$ 满足：

$$Av = \lambda v \tag{2.16}$$

若矩阵 A 具有 n 个线性无关的特征向量 $\{v_1, v_2, \cdots, v_n\}$，则它们和对应的特征值具有如下关系：

$$A[v_1 \quad v_2 \quad \cdots \quad v_n] = [v_1 \quad v_2 \quad \cdots \quad v_n] \begin{bmatrix} \lambda_1 & & & \\ & \lambda_2 & & \\ & & \ddots & \\ & & & \lambda_n \end{bmatrix} \tag{2.17}$$

令 $V = [v_1 \quad v_2 \quad \cdots \quad v_n]$，显然 V 是一个可逆矩阵。

矩阵 A 的**特征分解**（eigendecomposition）也叫作**对角化**（diagonalization），其形式如下：

$$A = V\mathrm{diag}(\lambda)V^{-1} \tag{2.18}$$

也可以写为如下形式：

$$A = \sum_{i=1}^{n} \lambda_i v_i v_i^{\mathrm{T}} \tag{2.19}$$

不过，并不是所有的方阵都可以被对角化为这一形式，这是因为矩阵不一定有 n 个线性无关的特征向量。可以证明，每个实对称矩阵都可以被特征分解。

2.1.3 奇异值分解

由于特征分解只能应用于特定的矩阵，因此我们引入**奇异值分解**（singular value decomposition），它是对所有矩阵都适用的一种分解。

首先介绍**奇异值**这个概念。令 r 为矩阵 $A^{\mathrm{T}}A$ 的**秩**（rank），那么存在 r 个正标量 $\sigma_1 \geqslant \sigma_2 \geqslant \cdots \geqslant \sigma_r > 0$，对 $1 \leqslant i \leqslant r$，$v_i$ 是 $A^{\mathrm{T}}A$ 关于特征值 σ_i^2 的特征向量。注意，$v_1, v_2, \cdots, v_r$ 是线性无关的。这 r 个正标量 $\sigma_1, \sigma_2, \cdots, \sigma_r$ 就叫作 A 的奇异值。奇异值分解的定义如下：

$$A = U\Sigma V^{\mathrm{T}} \tag{2.20}$$

其中，$U \in \mathbb{R}^{m \times m}$ 和 $V \in \mathbb{R}^{n \times n}$ 是**正交矩阵**（orthogonal matrix），Σ 是 $m \times n$ 矩阵，其定义如下：

$$\Sigma_{ij} = \begin{cases} \sigma_i & (i = j \leqslant r) \\ 0 & （其他情况） \end{cases}$$

事实上，U 的列向量是 AA^{T} 矩阵的特征向量，$A^{\mathrm{T}}A$ 矩阵的特征向量则由 V 的列向量组成。

2.2 概率论

不确定性在机器学习领域无处不在，我们需要使用概率论来量化和利用不确定性。本节带你回顾概率论中的一些基本概念和经典分布，这些内容对理解本书的其余部分至关重要。

2.2.1 基本概念和公式

在概率论中，**随机变量**（random variable）是具有随机值的变量。举例来说，设随机变量 X 具有两个可能的值 x_1 和 x_2，那么 X 等于 x_1 的概率就记作 $P(X = x_1)$。显然有下式成立：

$$P(X = x_1) + P(X = x_2) = 1 \tag{2.21}$$

设另一随机变量 Y 具有一个可能的值 y_1，那么 $X = x_1$ 且 $Y = y_1$ 的概率为 $P(X = x_1, Y = y_1)$，这也叫作 $X = x_1$ 且 $Y = y_1$ 的**联合概率**（joint probability）。

有时，我们需要了解随机变量之间的关系，例如在 $Y = y_1$ 条件下 $X = x_1$ 的概率。这一概率可以写为 $P(X = x_1 \,|\, Y = y_1)$，也叫作 $Y = y_1$ 条件下 $X = x_1$ 的**条件概率**（conditional probability）。

有了上述概念，我们可以得出概率论的两个基本规则，如下所示：

$$P(X = x) = \sum_y P(X = x, Y = y) \tag{2.22}$$

$$P(X = x, Y = y) = P(Y = y \,|\, X = x)P(X = x) \tag{2.23}$$

前者叫作**加和规则**（sum rule），后者叫作**乘积规则**（product rule）。稍微修改乘积规则的形式，就有了另一个重要公式：

$$
\begin{aligned}
P(Y = y \,|\, X = x) &= \frac{P(X = x, Y = y)}{P(X = x)} \\
&= \frac{P(X = x \,|\, Y = y)P(Y = y)}{P(X = x)}
\end{aligned} \tag{2.24}
$$

这就是著名的贝叶斯公式（Bayes formula）。注意，它对两个以上的变量值也成立：

$$P(X_i = x_i \,|\, Y = y) = \frac{P(Y = y \,|\, X_i = x_i)P(X_i = x_i)}{\sum_{j=1}^{n} P(Y = y \,|\, X_j = x_j)P(X_j = x_j)} \tag{2.25}$$

使用乘积规则，可以推导出**链式法则**（chain rule）：

$$
\begin{aligned}
&P(X_1 = x_1, \cdots, X_n = x_n) \\
&= P(X_1 = x_1)\prod_{i=2}^{n} P(X_i = x_i \,|\, X_1 = x_1, \cdots, X_{i-1} = x_{i-1})
\end{aligned} \tag{2.26}
$$

其中，$X_1, X_2, \cdots, X_n$ 是 n 个随机变量。

对某函数 $f(x)$，在一个特定概率分布 $P(x)$ 下，其平均值叫作 $f(x)$ 的**期望**（expectation）。对离散的函数，期望可以写作：

$$\mathbb{E}[f(x)] = \sum_x P(x) f(x) \tag{2.27}$$

一般来说，对于 $f(x) = x$，$\mathbb{E}[x]$ 代表 x 的期望。

为了衡量 $f(x)$ 在其期望 $\mathbb{E}[f(x)]$ 周围的散布情况，引入 $f(x)$ 的**方差**（variance）：

$$\begin{aligned} \text{Var}(f(x)) &= \mathbb{E}[(f(x) - \mathbb{E}[f(x)])^2] \\ &= \mathbb{E}[f(x)^2] - \mathbb{E}[f(x)]^2 \end{aligned} \tag{2.28}$$

标准差（standard deviation）是方差的平方根。

在某种程度上，**协方差**（covariance）可以描述两个变量共同变化的关联程度：

$$\text{Cov}(f(x), g(y)) = \mathbb{E}[(f(x) - \mathbb{E}[f(x)])(g(y) - \mathbb{E}[g(y)])] \tag{2.29}$$

协方差越大，$f(x)$ 和 $g(y)$ 之间的关联程度就越大。

2.2.2 概率分布

概率分布描述一个或多个随机变量在每一个状态的概率。下面列出了机器学习领域常用的几种分布。

高斯分布（Gaussian distribution）通常也叫作**正态分布**（normal distribution），可以写为：

$$N(x \mid \mu, \sigma^2) = \sqrt{\frac{1}{2\pi\sigma^2}} \exp\left(-\frac{1}{2\sigma^2}(x-\mu)^2\right) \tag{2.30}$$

其中，μ 和 σ^2 分别为 x 的平均值（期望）和方差。

对于一个值可能为 0 或 1 的随机变量 X，其值为 1 的概率记为 $P(X=1)=p$，那么**伯努利分布**（Bernoulli distribution）为：

$$P(X=x) = p^x(1-p)^{1-x}, x \in \{0,1\} \tag{2.31}$$

显然，$E(X)=p$ 且 $\text{Var}(X)=p(1-p)$。

重复伯努利实验 N 次，将 $X=1$ 的次数记为 Y，那么**二项分布**（binomial distribution）如下：

$$P(Y=k) = \binom{N}{k} p^k (1-p)^{N-k} \tag{2.32}$$

二项分布满足 $E(Y)=np$ 且 $\text{Var}(Y)=np(1-p)$。

拉普拉斯分布（Laplace distribution）的定义如下：

$$P(x \mid \mu, b) = \frac{1}{2b} \exp\left(-\frac{|x-\mu|}{b}\right) \tag{2.33}$$

这里，μ 是位置参数，b 是尺度参数。$E(X)=\mu$ 且 $\text{Var}(X)=2b^2$。

2.3 图论

图是图神经网络研究的基本对象，因而基本的图论知识对全面理解图神经网络是有必要的。

2.3.1　基本概念

我们经常使用 $G = (V, E)$ 来表示图，其中 V 和 E 分别表示节点集合和边的集合。某条边 $e = (u, v)$ 具有两个终点（endpoint）u 和 v，我们称这两个节点相邻。

注意，一条边既可能有向，也可能无向。如果图的所有边都是有向的，那么它就叫作**有向图**（directed graph）。反之，如果图的所有边都是无向的，那么它就叫作**无向图**（undirected graph）。

节点 v 的度（degree）记作 $d(v)$，是指和该节点相连的边的个数。

2.3.2　图的代数表示

图有一些常用的代数表示，列举如下。

邻接矩阵（adjacency matrix）

对于具有 n 个节点的简单图 $G = (V, E)$，可以用邻接矩阵 $A \in \mathbb{R}^{n \times n}$ 来表示：

$$A_{ij} = \begin{cases} 1 & ((v_i, v_j) \in E \text{ 且 } i \neq j) \\ 0 & （其他情况） \end{cases}$$

显然，当图 G 是无向图时，这是一个对称矩阵。

度矩阵（degree matrix）

对于具有 n 个节点的简单图 $G = (V, E)$，它的度矩阵 $D \in \mathbb{R}^{n \times n}$ 是一个对角矩阵。

$$D_{ii} = d(v_i) \tag{2.34}$$

拉普拉斯矩阵（Laplacian matrix）

对于具有 n 个节点的简单图 $G = (V, E)$，若其所有的边都是无向的，那么该图的拉普拉斯矩阵 $\boldsymbol{L} \in \mathbb{R}^{n \times n}$ 定义如下：

$$\boldsymbol{L} = \boldsymbol{D} - \boldsymbol{A} \tag{2.35}$$

矩阵的元素如下。

$$L_{ij} = \begin{cases} d(v_i) & (i = j) \\ -1 & ((v_i, v_j) \in E \text{ 且 } i \neq j) \\ 0 & （其他情况） \end{cases}$$

对称归一化拉普拉斯矩阵（Symmetric normalized Laplacian matrix）

定义如下：

$$\begin{aligned} \boldsymbol{L}^{\text{sym}} &= \boldsymbol{D}^{-\frac{1}{2}} \boldsymbol{L} \boldsymbol{D}^{-\frac{1}{2}} \\ &= \boldsymbol{I} - \boldsymbol{D}^{-\frac{1}{2}} \boldsymbol{A} \boldsymbol{D}^{-\frac{1}{2}} \end{aligned} \tag{2.36}$$

矩阵的元素如下。

$$L_{ij}^{\text{sym}} = \begin{cases} 1 & (i = j \text{ 且 } d(v_i) \neq 0) \\ -\dfrac{1}{\sqrt{d(v_i)d(v_j)}} & ((v_i, v_j) \in E \text{ 且 } i \neq j) \\ 0 & （其他情况） \end{cases}$$

随机游走归一化拉普拉斯矩阵（Random walk normalized Laplacian matrix）

定义如下：

$$L^{\text{rw}} = D^{-1}L = I - D^{-1}A \tag{2.37}$$

矩阵的元素如下。

$$L^{\text{rw}}_{ij} = \begin{cases} 1 & (i = j \text{ 且 } d(v_i) \neq 0) \\ -\dfrac{1}{d(v_i)} & ((v_i, v_j) \in E \text{ 且 } i \neq j) \\ 0 & (\text{其他情况}) \end{cases}$$

关联矩阵（incidence matrix）

这是另一种常用于表示图的矩阵。对于具有 n 个节点和 m 条边的有向图 $G = (V, E)$，有以下关联矩阵 $M \in \mathbb{R}^{n \times m}$：

$$M_{ij} = \begin{cases} 1 & (\exists k \; s.t. e_j = (v_i, v_k)) \\ -1 & (\exists k \; s.t. e_j = (v_k, v_i)) \\ 0 & (\text{其他情况}) \end{cases}$$

对无向图而言，关联矩阵满足以下条件。

$$M_{ij} = \begin{cases} 1 & (\exists k \; s.t. e_j = (v_i, v_k)) \\ 0 & (\text{其他情况}) \end{cases}$$

第3章

神经网络基础

在机器学习中，神经网络是最重要的模型之一。人工神经网络由许多相互连接的神经元组成，其结构与生物神经网络非常相似。神经网络通过以下方式学习：以随机权重或随机值开始，神经元之间的连接通过反向传播算法反复更新其权重或值，直到模型执行得相当精确为止。最后，将神经网络学习到的知识以数字的形式存储在连接中。关于神经网络的大多数研究试图改变其学习方式（使用不同的算法或不同的结构），旨在提高模型的泛化能力。

3.1 神经元

神经网络的基本单位是**神经元**（neuron），它可以接收一系列输入并返回相应的输出。经典的神经元结构如图 3-1 所示。

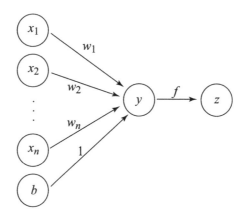

图 3-1 经典的神经元结构

在图 3-1 中，神经元接收 n 个输入 $x_1, x_2, \cdots, x_n$，以及偏移量 b。这些输入对应的权重分别是 $w_1, w_2, \cdots, w_n$。然后，加权和 $y = \sum_{i=1}^{n} w_i x_i + b$ 通过激活函数 f，最终神经元返回输出 $z = f(y)$。注意，这一输出将是下一个神经元的输入。**激活函数**为非线性函数。通过在神经网络中引入非线性函数，多层神经网络能够拟合任意非线性的函数。如果不使用激活函数，那么多层神经网络本质上仍然是一个线性模型，表达能力非常有限。以下介绍几种常用的激活函数。

sigmoid函数

图 3-2 展示了 sigmoid 函数的曲线，该函数的定义如下。

$$\sigma(x) = \frac{1}{1 + e^{-x}} \tag{3.1}$$

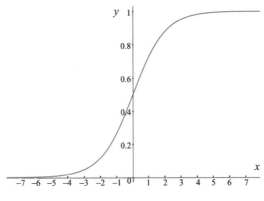

图 3-2 sigmoid 函数

tanh函数

图 3-3 展示了 tanh 函数的曲线,该函数的定义如下。

$$\tanh(x) = \frac{\mathrm{e}^x - \mathrm{e}^{-x}}{\mathrm{e}^x + \mathrm{e}^{-x}} \tag{3.2}$$

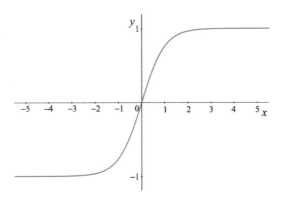

图 3-3 tanh 函数

ReLU函数

ReLU 函数又称修正线性单元（rectified linear unit，ReLU），图 3-4 展示了它的曲线。ReLU 函数的定义如下。

$$\mathrm{ReLU}(x) = \begin{cases} 0 & (x \leqslant 0) \\ x & (x > 0) \end{cases} \tag{3.3}$$

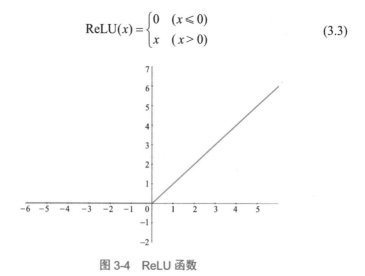

图 3-4 ReLU 函数

事实上，还有很多其他的激活函数，并且它们都具有各自的导数。注意，一个好的激活函数是处处平滑的（换言之，它是连续可微的函数），并且易于计算（这样才能降低神经网络整体的计算复杂度）。在训练神经网络时，激活函数的选取对结果具有重要影响。

3.2　后向传播

在神经网络的训练中，**后向传播算法**（back propagation algorithm）是最常用的。这是一个基于**梯度下降**（gradient descent）来优化模型参数的算法。以图 3-1 所示的单个神经元模型为例，假设输出的优化目标

是 $z = z_0$ ，需要通过调整参数 $w_1, w_2, \cdots, w_n, b$ 来逼近该目标。

根据链式法则，可以推导出 z 关于 w_i 和 b 的导数：

$$
\begin{aligned}
\frac{\partial z}{\partial w_i} &= \frac{\partial z}{\partial y}\frac{\partial y}{\partial w_i} \\
&= \frac{\partial f(y)}{\partial y}x_i
\end{aligned}
\tag{3.4}
$$

$$
\begin{aligned}
\frac{\partial z}{\partial b} &= \frac{\partial z}{\partial y}\frac{\partial y}{\partial b} \\
&= \frac{\partial f(y)}{\partial y}
\end{aligned}
\tag{3.5}
$$

给定学习率 η ，参数更新过程为：

$$
\begin{aligned}
\Delta w_i &= \eta(z_0 - z)\frac{\partial z}{\partial w_i} \\
&= \eta(z_0 - z)x_i \frac{\partial f(y)}{\partial y}
\end{aligned}
\tag{3.6}
$$

$$
\begin{aligned}
\Delta b &= \eta(z_0 - z)\frac{\partial z}{\partial b} \\
&= \eta(z_0 - z)\frac{\partial f(y)}{\partial y}
\end{aligned}
\tag{3.7}
$$

总而言之，后向传播算法包含如下两个步骤。

- **前向计算**：给定一组参数和一个输入，神经网络按照前向顺序在每一个神经元处计算出值。
- **后向传播**：在计算出每个待优化变量的误差后，按照后向顺序根据其对应的偏导数更新参数。

上述两个步骤将被反复执行，直到实现优化目标。

3.3 神经网络

近年来，机器学习领域（尤其是深度学习领域）发展迅速，主要表现为多种神经网络架构的出现。尽管不同的神经网络架构相去甚远，但现有的神经网络架构可以分为几个类别：前馈神经网络、卷积神经网络、循环神经网络，以及图神经网络。

前馈神经网络

前馈神经网络（feedforward neural network，FNN）是第一种也是最简单的人工神经网络架构，如图 3-5 所示。FNN 通常由一个输入层、数个隐藏层和一个输出层组成，每一层仅和其相邻层连接。在这种架构中，不存在循环。

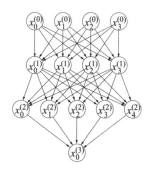

图 3-5　前馈神经网络架构示意图

卷积神经网络

卷积神经网络（convolutional neural network，CNN）是 FNN 的特殊形式。FNN 通常是全连接的神经网络，CNN 则保留了局部连接性。CNN 架构通常包含卷积层、池化层和数个全连接层。目前有数个经典的 CNN 架构，例如 LeNet5[8]、AlexNet[31]（如图 3-6 所示）、VGG[32] 和 GoogLeNet[33]。CNN 被广泛应用于计算机视觉领域，它在其他领域也大放异彩。

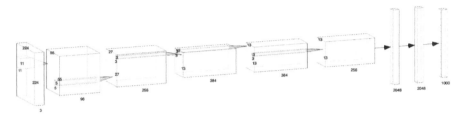

图 3-6　AlexNet 架构示意图

循环神经网络

循环神经网络（recurrent neural network，RNN）中的神经元不仅仅从其他神经元那里接收信号和输入信息，同时有自身的历史信息。RNN 中的记忆机制使得模型能很好地处理序列数据。然而，RNN 通常不能很好地解决长距离依赖的问题 [34,35]。为了解决这一问题，RNN 的几个变体采用了门控机制，这些变体包括 GRU[36] 和 LSTM[37]。RNN 在语音识别和自然语言处理等领域得到广泛应用。

图神经网络

图神经网络（graph neural network，GNN）专门用于处理图结构数据，例如来自社交网络、分子结构、知识图谱的数据。本书将详细介绍 GNN。

第4章

基础图神经网络

本章介绍由 Franco Scarselli 等人于 2009 年提出的基础图神经网络（以下简称基础 GNN），同时列举这一模型在表示能力和训练效率等方面的局限之处。在本章的基础上，后文将讨论基础 GNN 的数个变体。

4.1 概述

GNN 的概念最早是由 Marco Gori[38]、Franco Scarselli 等人 [39,40] 提出的。出于简洁考虑，我们将讨论 Scarselli 等人提出的模型，它将现有的神经网络方法拓展到了图数据处理领域。

一个节点通常由其特征和图中与其相关的节点表示。GNN 的目标在于为每一个节点学习一个状态表示 $\mathbf{h}_v \in \mathbb{R}^s$，它能编码该节点的邻居节点的信息。利用这个状态表示，可以获得模型的输出 $\mathbf{o}_v$，比如预测节点标签的分布。

在 Scarselli 等人的论文中 [40]，典型的图如图 4-1 所示。基础 GNN 模型处理无向的同构图，图中每个节点都具有特征 $\boldsymbol{x}_v$，同时每条边也可能具有自己的特征。Scarselli 等人的论文使用 *co*[*v*] 和 *ne*[*v*] 分别表示节点 *v* 的边集合和节点集合。关于如何处理更复杂的图结构（例如异构图），后文将介绍对应的 GNN 变体。

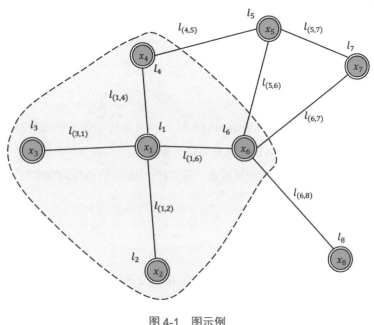

图 4-1　图示例

4.2　模型介绍

对于给定的节点与边的输入特征，接下来介绍基础 GNN 模型如何获得节点嵌入表示 $\mathbf{h}_v$ 和输出嵌入表示 $\mathbf{o}_v$。

为了根据输入的节点邻居更新节点状态，基础 GNN 模型使用一个带参数的函数 f，叫作**局部转移函数**（local transition function），这一函数由全部节点共享。为了得到节点的输出，引入另一个带参数的函数 g，叫作**局部输出函数**（local output function）。于是，将 $\mathbf{h}_v$ 和 $\mathbf{o}_v$ 分别定义如下：

$$\mathbf{h}_v = f(\mathbf{x}_v, \mathbf{x}_{co[v]}, \mathbf{h}_{ne[v]}, \mathbf{x}_{ne[v]}) \tag{4.1}$$

$$\mathbf{o}_v = g(\mathbf{h}_v, \mathbf{x}_v) \tag{4.2}$$

其中，$\mathbf{x}$ 和 $\mathbf{h}$ 分别表示输入特征和隐状态，$co[v]$ 和 $ne[v]$ 分别表示和节点 v 相连的边的集合和节点集合。$\mathbf{x}_v$、$\mathbf{x}_{co[v]}$、$\mathbf{h}_{ne[v]}$、$\mathbf{x}_{ne[v]}$ 分别表示节点特征、该节点的边的特征、该节点相邻节点的隐状态，以及该节点相邻节点的特征。以图 4-1 为例，$\mathbf{x}_{l_1}$ 是 l_1 的输入特征，$co[l_1]$ 包含边 $l_{(1,4)}$、$l_{(1,6)}$、$l_{(1,2)}$ 和 $l_{(3,1)}$，$ne[l_1]$ 包含节点 l_2、l_3、l_4 和 l_6。

将所有的状态、输出、特征和节点特征分别堆叠起来，并使用矩阵形式分别表示为 H、O、X 和 X_N。于是，上面的公式可以改写为：

$$H = F(H, X) \tag{4.3}$$

$$O = G(H, X_N) \tag{4.4}$$

其中，F 是**全局转移函数**（global transition function），G 是**全局输出函数**（global output function），二者分别由局部函数对所有节点堆叠形成。H 的值为公式 (4.3) 的不动点，假设 F 是压缩映射（contraction map），就可以确定 H 的值。

根据巴拿赫不动点定理 [41]，GNN 使用如下迭代方式求解节点状态：

$$H^{t+1} = F(H^t, X) \tag{4.5}$$

其中，H^t 表示 H 的第 t 轮迭代。对任意初始值 H^0，公式 (4.5) 描述的动态系统将以指数速度收敛到公式 (4.3) 描述的解。注意，f 和 g 所定义的计算可以由 FNN 来实现。

GNN 的框架介绍完毕，下一个问题是如何学习局部转移函数 f 和局部输出函数 g 的参数。将目标信息（对每个节点，使用 $\mathbf{t}_v$ 表示）作为监督信号，损失函数可以定义为：

$$loss = \sum_{i=1}^{p} (\mathbf{t}_i - \mathbf{o}_i) \tag{4.6}$$

其中，p 是有监督标签的数量。这一学习过程基于梯度下降策略，并由以下步骤组成。

- ❑ 节点状态 $\mathbf{h}_v^t$ 通过公式 (4.1) 迭代更新，直到收敛时间步 T，此时我们获得公式 (4.3) 的近似不动点解：$\boldsymbol{H}^T \approx \boldsymbol{H}$。
- ❑ 根据损失函数计算出权重的梯度。
- ❑ 使用上一步计算的梯度更新权重参数。

在运行算法后，我们便训练好了一个针对特定监督任务或半监督任务的模型，同时也获得了图中所有节点的隐状态。基础 GNN 模型为建模图结构数据提供了一种有效的方式，并且是将神经网络引入图领域的前期尝试。

4.3 局限性

实验结果显示，GNN 能够有效地建模结构化数据。尽管如此，基础 GNN 模型依然存在局限性。

□ 首先，计算效率较低。在计算不动点的过程中，需要迭代求解节点的隐状态，模型需要执行 T 个步骤来逼近不动点。如果放宽不动点的理论假设，那么可以设计一个多层 GNN 模型来相对稳定地表示节点及其邻域。

□ 其次，基础 GNN 模型在迭代过程中使用的参数是相同的，而大部分主流神经网络为了层次化地提取特征，在不同的层具有不同的参数。此外，GNN 模型顺序地更新节点表示，可以使用 RNN 变体（例如 GRU 和 LSTM）来提高模型的性能。

□ 再次，基础 GNN 模型不能很好地对边的特征进行建模。举例来说，在知识图谱中存在多种关系，沿着不同的边传递的信息应该随着边的类型不同而不同。此外，如何学习边的隐状态也是一个重要的问题。

□ 最后，如果 T 是一个相当大的数，那么采用不动点方法求解得到的节点表示不能很好地表现节点的特征，这是因为其特征将在值上更加平滑，缺乏足以分辨不同节点的信息。

在基础 GNN 模型之上，人们提出多种变体，以应对上述局限之处。例如，门控图神经网络 [42] 用于解决第一个问题，关系图卷积网络 [43] 用于解决与有向图相关的问题。后文将介绍更多细节。

第 5 章

卷积图神经网络

本章讨论**卷积图神经网络**（graph convolutional network，GCN），它旨在将卷积运算推广到图领域。由于**卷积神经网络**（convolutional neural network，CNN）在深度学习领域取得了很大的成功，因此人们自然希望在图上定义卷积运算。这一方向的研究成果一般被分为两类：基于谱分解的方法和基于空间结构的方法。这两类方法各自均有许多变体，本章仅列出部分经典模型。

5.1 基于谱分解的方法

基于谱分解的方法处理图的谱域相关表示。本节介绍 4 种经典模型：Spectral Network、ChebNet、GCN 和 AGCN。

5.1.1 Spectral Network

Spectral Network 是由 Joan Bruna 等人于 2014 年提出的[44]。通过计算图的拉普拉斯矩阵的特征分解，Spectral Network 在傅里叶域中定义卷积运算。该运算可以被定义为信号 $\mathbf{x} \in \mathbb{R}^N$（每个节点对应该向量中的一个标量）和一个卷积核 $\mathbf{g}_\theta = \mathrm{diag}(\theta)$ 的乘积，这里 $\theta \in \mathbb{R}^N$：

$$\mathbf{g}_\theta \; \bigstar \; \mathbf{x} = U\mathbf{g}_\theta(\Lambda)U^\mathrm{T}\mathbf{x} \tag{5.1}$$

其中，U 是归一化拉普拉斯矩阵的特征向量组成的矩阵，即 $L = I_N - D^{-\frac{1}{2}}AD^{-\frac{1}{2}} = U\Lambda U^\mathrm{T}$。这里的 D、A 和 Λ 分别为度矩阵、邻接矩阵和特征值的对角矩阵。

这一卷积运算会导致潜在的密集计算，并且导致卷积核不满足局部性（聚合的节点与实际的空间结构不对应）。Mikael Henaff 等人于 2015 年 [45] 尝试引入具有平滑系数的参数项，使得 Spectral Network 的卷积核具有局部性。

5.1.2　ChebNet

2011 年，David Hammond 等人 [46] 提出可以用切比雪夫多项式的前 K 阶 $\mathbf{T}_k(\mathbf{x})$ 逼近 $\mathbf{g}_\theta(\Lambda)$，具体表示为：

$$\mathbf{g}_\theta \; \bigstar \; \mathbf{x} \approx \sum_{k=0}^{K} \theta_k \mathbf{T}_k(\tilde{L})\mathbf{x} \tag{5.2}$$

其中，$\tilde{L} = \dfrac{2}{\lambda_{\max}}L - I_N$。$\lambda_{\max}$ 是 L 的最大特征值，$\theta \in \mathbb{R}^K$ 是切比雪夫多项式系数组成的向量。切比雪夫多项式定义为：$\mathbf{T}_k(\mathbf{x}) = 2\mathbf{x}\mathbf{T}_{k-1}(\mathbf{x}) - \mathbf{T}_{k-2}(\mathbf{x})$，其中 $\mathbf{T}_0(\mathbf{x}) = 1$ 且 $\mathbf{T}_1(\mathbf{x}) = \mathbf{x}$。由于这个公式是拉普拉斯矩阵的 K 阶多项式，因此这里的卷积运算是 K 阶局部化的。

2016 年，Michaël Defferrard 等人 [47] 提出了 ChebNet，它用上述的 K 跳卷积来定义图上的卷积，并因此省去了计算拉普拉斯矩阵特征向量的过程。

5.1.3 GCN

2017 年，Thomas Kipf 和 Max Welling[2] 在 ChebNet 的基础上将层级卷积运算的 K 限制为 1，以此来缓解模型在节点的度分布范围较大的图上存在的局部结构过拟合的问题。不仅如此，他们还假定 $\lambda_{\max} \approx 2$，并将公式简化为：

$$\mathbf{g}_{\theta'} \star \mathbf{x} \approx \theta'_0 \mathbf{x} + \theta'_1 (\boldsymbol{L} - \boldsymbol{I}_N) \mathbf{x} = \theta'_0 \mathbf{x} - \theta'_1 \boldsymbol{D}^{-\frac{1}{2}} \boldsymbol{A} \boldsymbol{D}^{-\frac{1}{2}} \mathbf{x} \tag{5.3}$$

公式 (5.3) 具有两个可调节的参数 θ'_0 和 θ'_1。在限制参数 $\theta = \theta'_0 = -\theta'_1$ 后，公式最终简化为：

$$\mathbf{g}_{\theta} \star \mathbf{x} \approx \theta \left(\boldsymbol{I}_N + \boldsymbol{D}^{-\frac{1}{2}} \boldsymbol{A} \boldsymbol{D}^{-\frac{1}{2}} \right) \mathbf{x} \tag{5.4}$$

注意，在节点上迭代执行这一运算可能导致数值不稳定以及梯度爆炸问题或梯度消失问题。为了解决这些问题，Thomas Kipf 和 Max Welling 引入了**重归一化**（renormalization）操作使得：$\boldsymbol{I}_N + \boldsymbol{D}^{-\frac{1}{2}} \boldsymbol{A} \boldsymbol{D}^{-\frac{1}{2}} \rightarrow \tilde{\boldsymbol{D}}^{-\frac{1}{2}} \tilde{\boldsymbol{A}} \tilde{\boldsymbol{D}}^{-\frac{1}{2}}$，其中 $\tilde{\boldsymbol{A}} = \boldsymbol{A} + \boldsymbol{I}_N$ 且 $\tilde{\boldsymbol{D}}_{ii} = \sum_j \tilde{\boldsymbol{A}}_{ij}$。

最终，该模型定义的卷积运算具有 F 个卷积核，并能处理具有 C 个输入通道的 $\boldsymbol{X} \in \mathbb{R}^{N \times C}$ 的信号：

$$\boldsymbol{Z} = \tilde{\boldsymbol{D}}^{-\frac{1}{2}} \tilde{\boldsymbol{A}} \tilde{\boldsymbol{D}}^{-\frac{1}{2}} \boldsymbol{X} \Theta \tag{5.5}$$

其中，$\Theta \in \mathbb{R}^{C \times F}$ 是卷积核参数矩阵，$\boldsymbol{Z} \in \mathbb{R}^{N \times F}$ 是卷积后的信号矩阵。

GCN 模型作为谱分解相关方法的简化，同样可以被视为一种基于空间结构的方法。空间方法将在 5.2 节中进行介绍。

5.1.4 AGCN

以上所有模型均使用原始图结构表示节点之间的关系。然而，不同节点之间可能存在隐式关系，于是有人提出了**自适应图卷积网络**（adaptive graph convolution network，AGCN），以学习隐式关系[48]。AGCN 会学习"残差"图拉普拉斯矩阵 L_{res} 并将其添加到原始的拉普拉斯矩阵中：

$$\hat{L} = L + \alpha L_{res} \tag{5.6}$$

其中，α 是可调节的参数。

L_{res} 是通过一个学习得到的图邻接矩阵 $\hat{A}$ 计算出来的：

$$\begin{aligned} L_{res} &= I - \hat{D}^{-\frac{1}{2}} \hat{A} \hat{D}^{-\frac{1}{2}} \\ \hat{D} &= \mathrm{degree}(\hat{A}) \end{aligned} \tag{5.7}$$

其中，$\hat{A}$ 是通过一个学习获得的度量指标计算得来的。这一自适应度量指标背后的思想是，欧几里得距离在图结构数据中并不适用，度量指标应该自适应任务和输入特征。AGCN 使用**广义的马哈拉诺比斯距离**（Mahalanobis distance）计算节点距离：

$$D(x_i, x_j) = \sqrt{(x_i - x_j)^{\mathrm{T}} M (x_i - x_j)} \tag{5.8}$$

其中，M 是一个通过学习得到的矩阵，满足 $M = W_d W_d^{\mathrm{T}}$，W_d 是自适应空间的转换基础。AGCN 计算高斯核 G，并将 G 归一化，以获得密集邻接矩阵 $\hat{A}$。

$$G_{x_i, x_j} = \exp(-D(x_i, x_j) / (2\sigma^2)) \tag{5.9}$$

5.2 基于空间结构的方法

在 5.1 节介绍的所有方法中,通过学习得到的卷积核都依赖于拉普拉斯矩阵的特征基向量,而后者取决于图的结构。这意味着针对特定结构训练的模型不能直接应用于具有不同结构的图,即模型的泛化性能较差。

与基于谱分解的方法相反,基于空间结构的方法直接在图上定义卷积运算,从而针对在空间上相邻的邻域进行运算。这种方法的主要挑战是针对大小不同的邻域定义卷积运算并保持 CNN 的局部不变性。

5.2.1 Neural FP

2015 年,David Duvenaud 等人[49]提出针对具有不同度的节点使用不同的权重矩阵:

$$
\begin{aligned}
\mathbf{x} &= \mathbf{h}_v^{t-1} + \sum_{i=1}^{|N_v|} \mathbf{h}_i^{t-1} \\
\mathbf{h}_v^t &= \sigma\left(\mathbf{x} W_t^{|N_v|}\right)
\end{aligned}
\tag{5.10}
$$

其中,$W_t^{|N_v|}$ 是第 t 层、度为 $|N_v|$ 的节点的权重矩阵,N_v 表示节点 v 的相邻节点集合,$\mathbf{h}_v^t$ 是节点 v 在第 t 层的嵌入表示。可以看出,Neural FP 模型首先将相邻节点连同本身的嵌入表示累加,然后使用 $W_t^{|N_v|}$ 矩阵进行转换。

这一模型的主要缺陷在于,在节点具有多种度的大规模图上,会由于参数量太大而难以应用。

5.2.2 PATCHY-SAN

2016 年，Mathias Niepert 等人提出了 PATCHY-SAN 模型[50]。这一模型首先为每个节点选择 k 个相邻节点并归一化，然后将这些经过归一化的相邻节点作为**感受野**（receptive field）进行卷积运算。该方法具有如下 4 个步骤。

- □ **选择节点序列**。PATCHY-SAN 模型并不会处理图中所有的节点，而会先通过节点标注来获得节点的顺序，然后使用 s 大小的步长在序列中选择节点，直到选中 w 个节点为止。
- □ **选择相邻节点**。这一步使用上一步选中的节点构造感受野。对每一个节点进行宽度优先搜索，以选取 k 个相邻节点：首先选取 1 跳距离的相邻节点，然后再考虑更远的节点，直到选取的相邻节点数达到 k 为止。
- □ **图归一化**。这一步旨在为感受野中的节点排序，以便从无序的图空间映射到矢量空间。这是最重要的步骤，其思想是为不同的图中的两个具有相似结构地位的节点分配相似的相对位置。
- □ **应用卷积架构**。在归一化后，使用 CNN 进行卷积。经过归一化的邻域用作感受野，节点和边的属性被视为通道。

图 5-1 是该模型的示意图。这一方法尝试将图结构学习问题转化为传统的欧几里得数据学习问题。

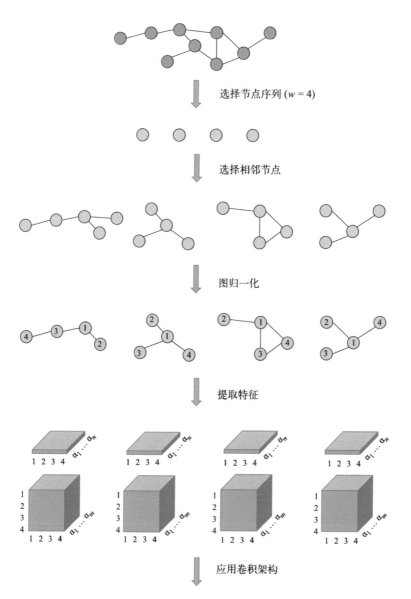

图 5-1 PATCHY-SAN 模型示意图。注意,本图仅供说明之用,
图中的输出并非真实的算法输出

5.2.3 DCNN

2016 年，James Atwood 和 Don Towsley[22] 提出了**扩散 – 卷积神经网络**（diffusion-convolutional neural network，DCNN）。在 DCNN 中，转移矩阵用于定义节点的邻域。对节点分类任务，模型定义如下：

$$H = \sigma(W^c \odot P^* X) \tag{5.11}$$

其中，X 是 $N \times F$ 输入特征张量（N 是节点数，F 是特征数）。P^* 是 $N \times K \times N$ 张量，它包含矩阵 P 的幂级数，$P^* = \{P, P^2, \cdots, P^K\}$，这里的 P 是图邻接矩阵 A 按度归一化的转移矩阵。每一个实体都被转化为扩散卷积表示，这个表示是由经过 K 跳图扩散计算的 F 维特征组成的 $K \times F$ 权重矩阵。通过等大小权重矩阵 W^c 的逐元素相乘和应用非线性激活函数 σ，最终得到了每个节点的表示 $H \in \mathbb{R}^{N \times K \times F}$。

对于图分类任务，DCNN 采用节点表示的平均来简单地表示图：

$$H = \sigma(W^c \odot 1_N^T P^* X / N) \tag{5.12}$$

其中，1_N 是一个由 1 组成的 $N \times 1$ 向量。

此外，DCNN 也可以被用于边的分类任务，通过将边转换为节点并增强邻接矩阵来实现。

5.2.4 DGCN

2018 年，Chenyi Zhuang 和 Qiang Ma[51] 提出了**对偶图卷积网络**（dual graph convolutional network，DGCN），该网络同时考虑图的局部一致性和全局一致性。它使用两个卷积网络来捕获局部一致性和全局一致性，并采用无监督损失函数来聚合两部分。

第一部分的卷积公式同公式 (5.5)；第二部分使用**正向点互信息矩阵**（positive pointwise mutual information matrix，PPMI 矩阵）替换邻接矩阵：

$$H' = \sigma\left(D_P^{-\frac{1}{2}} X_P D_P^{-\frac{1}{2}} H\Theta \right) \tag{5.13}$$

其中，X_P 是 PPMI 矩阵，D_P 是 X_P 的对角度矩阵，σ 是非线性激活函数。

结合使用两部分结果的动机如下。

- ❏ 公式 (5.5) 对局部一致性进行建模，这暗示相邻的节点可能具有相似的标签。
- ❏ 公式 (5.13) 对全局一致性进行建模，它假设具有相似上下文的节点可能具有相似的标签。

局部一致性卷积和全局一致性卷积分别称为 $Conv_A$ 和 $Conv_P$。

进一步用一个损失函数将两个卷积结果聚合起来：

$$L = L_0(Conv_A) + \lambda(t) L_{reg}(Conv_A, Conv_P) \tag{5.14}$$

其中，$\lambda(t)$ 是调节两部分损失的动态权重，$L_0(Conv_A)$ 是结合节点标签的监督损失函数。假设有 c 种标签，那么 Z^A 是局部一致性卷积的输出矩阵，$\hat{Z}^A$ 是该输出矩阵经过 softmax 运算后的结果，$L_0(Conv_A)$ 的定义下（使用交叉熵损失）：

$$L_0(Conv_A) = -\frac{1}{|y_L|} \sum_{l \in y_L} \sum_{i=1}^{c} Y_{l,i} \ln\left(\hat{Z}_{l,i}^A \right) \tag{5.15}$$

其中，y_L 和 Y 分别是训练数据下标和样本标签。

L_{reg} 项的定义如下：

$$L_{\text{reg}}(Conv_A, Conv_P) = \frac{1}{n} \sum_{i=1}^{n} \left\| \hat{\boldsymbol{Z}}_{i,:}^P - \hat{\boldsymbol{Z}}_{i,:}^A \right\|^2 \tag{5.16}$$

其中，$\hat{\boldsymbol{Z}}^P$ 代表 $Conv_P$ 输出经过 softmax 运算的结果。$L_{\text{reg}}(Conv_A, Conv_P)$ 代表衡量 $\hat{\boldsymbol{Z}}^P$ 和 $\hat{\boldsymbol{Z}}^A$ 之间差异的无监督损失函数。

DGCN 模型的结构如图 5-2 所示。

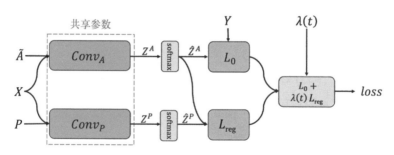

图 5-2　DGCN 模型示意图

5.2.5　LGCN

2018 年，Hongyang Gao 等人 [52] 提出了**可学习的卷积图神经网络**（learnable graph convolutional network，LGCN）。该网络基于**可学习的图卷积网络层**（learnable graph convolutional layer，LGCL）和子图训练策略。下文会进一步介绍 LGCL 的细节。

LGCL 使用 CNN 作为聚合器。它对节点的邻域矩阵进行最大池化，以获取前 k 个特征元素，然后应用一维 CNN 来计算隐表示。计算过程如下：

$$\hat{\boldsymbol{H}}_t = g(\boldsymbol{H}_t, \boldsymbol{A}, k)$$
$$\boldsymbol{H}_{t+1} = c(\hat{\boldsymbol{H}}_t) \tag{5.17}$$

其中，$\boldsymbol{A}$ 为邻接矩阵，$g(\cdot)$ 为对前 k 个节点的选取操作，$c(\cdot)$ 表示常规的一维 CNN。

该模型使用对前 k 个最大的节点值的选取操作来收集每个节点的信息。对于给定的节点，首先收集其相邻节点的特征。假设它有 n 个相邻节点，并且每个节点具有 c 维特征，则获得矩阵 $\boldsymbol{M} \in \mathbb{R}^{n \times c}$。如果 $n < k$，则用零列填充 $\boldsymbol{M}$。然后，选择每一维最大的 k 个节点值，也就是将每一列中的值排序并选择前 k 个值。之后，将自身节点的嵌入表示插入 $\boldsymbol{M}$ 的第一行，得到矩阵 $\hat{\boldsymbol{M}} \in \mathbb{R}^{(k+1) \times c}$，并用一维 CNN 来聚合特征。

卷积函数的输入维度为 $N \times (k+1) \times c$，输出维度为 $N \times D$，或者说是 $N \times 1 \times D$。图 5-3 给出了 LGCL 的一个例子。

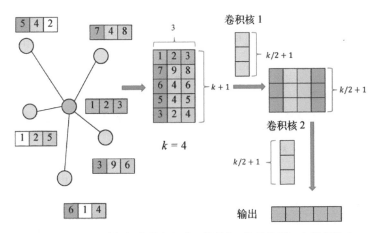

图 5-3 LGCL 示例。每个节点都有 3 维特征，并且选择 4 个相邻节点。当前的节点具有 5 个相邻节点，右侧展示了如何从中选取 4 个最大的节点特征值。最终，使用一维 CNN 获得输出

5.2.6 MoNet

2017 年，Federico Monti 等人 [21] 提出了空间域模型 MoNet。该模型应用在非欧几里得数据域上，并能泛化前述的数个模型。GCNN[24]、ACNN[23]、GCN[2]、DCNN[22] 等均可被视为 MoNet 的特例。

用 x 表示节点，并用 $y \in N_x$ 表示与该节点相邻的一个节点。MoNet 对节点及其相邻节点计算伪坐标 $\mathbf{u}(x, y)$，并对这些伪坐标设计权重函数：

$$D_j(x)f = \sum_{y \in N_x} w_j(\mathbf{u}(x, y))f(y) \tag{5.18}$$

其中，模型需要学习的参数为 $\mathbf{w}_\Theta(\mathbf{u}) = (w_1(\mathbf{u}), \cdots, w_J(\mathbf{u}))$，$J$ 表示选取的邻域大小。接着就可以定义非欧几里得数据域的卷积的空间泛化形式：

$$(f \star g)(x) = \sum_{j=1}^{J} g_j D_j(x)f \tag{5.19}$$

上文提到的不同方法可以看作这种形式，只不过它们的 $\mathbf{u}$ 和 $\mathbf{w}(\mathbf{u})$ 有所区别，如表 5-1 所示。要了解更多细节，请参阅原论文 [21]。

表 5-1 MoNet 框架中的不同方法

方　　法	$\mathbf{u}(x, y)$	权重函数
CNN	$\mathbf{x}(x, y) = \mathbf{x}(y) - \mathbf{x}(x)$	$\delta(\mathbf{u} - \bar{\mathbf{u}}_j)$
GCN	$\deg(x), \deg(y)$	$(1 - \lvert 1 - \frac{1}{\sqrt{u_1}} \rvert)(\lvert 1 - \frac{1}{\sqrt{u_2}} \rvert)$
DCNN	$p^0(x, y), \cdots, p^{r-1}(x, y)$	$id(u_j)$

5.2.7 GraphSAGE

2017 年，William Hamilton 等人 [1] 提出了 GraphSAGE。该模型是一个通用的归纳推理框架，它通过采样和聚合相邻节点的特征来生成节点的嵌入表示。GraphSAGE 模型的传播过程为：

$$
\begin{aligned}
\mathbf{h}_{N_v}^t &= \text{AGGREGATE}_t(\{\mathbf{h}_u^{t-1}, \forall u \in N_v\}) \\
\mathbf{h}_v^t &= \sigma(\mathbf{W}^t \cdot [\mathbf{h}_v^{t-1} \| \mathbf{h}_{N_v}^t])
\end{aligned}
\tag{5.20}
$$

其中，$\mathbf{W}^t$ 是第 t 层的参数。

然而，GraphSAGE 并不使用所有的相邻节点，而是均匀采样固定数量的相邻节点。Hamilton 等人提出了以下 3 种聚合函数 AGGREGATE 的具体实现。

均值聚合器

均值聚合器（mean aggregator）可以看作直推式 GCN 卷积运算的近似：

$$
\mathbf{h}_v^t = \sigma(\mathbf{W} \cdot \text{MEAN}(\{\mathbf{h}_v^{t-1}\} \bigcup \{\mathbf{h}_u^{t-1}, \forall u \in N_v\}))
\tag{5.21}
$$

均值聚合器的独特之处在于，它不使用公式 (5.20) 中的拼接运算，可以被看作一种"跳跃连接"[53]，并且效果更好。

LSTM聚合器

LSTM 聚合器（LSTM aggregator）基于 LSTM 实现，具有更强的表达能力。但是，由于 LSTM 以有序方式处理输入数据，因此不同的排列会产生不同的结果。Hamilton 使用 LSTM 作用在打乱节点顺序的无序邻接节点集合上。

池化聚合器

池化聚合器（pooling aggregator）将相邻节点的隐状态输入一个全连接层并进行最大池化：

$$\mathbf{h}_{N_v}^t = \max(\{\sigma(\boldsymbol{W}_{\text{pool}}\mathbf{h}_u^{t-1} + \mathbf{b}), \forall u \in N_v\}) \tag{5.22}$$

注意，这里的最大池化运算可以用任意对称函数替代。

为了获得更好的表示，GraphSAGE 进一步使用一种无监督损失函数，它鼓励相近的节点具有类似的表示，而距离较远的节点具有不同的表示：

$$J_G(\mathbf{z}_u) = -\log(\sigma(\mathbf{z}_u^{\text{T}}\mathbf{z}_v)) - Q \cdot E_{v_n \sim P_n(v)} \log(\sigma(-\mathbf{z}_u^{\text{T}}\mathbf{z}_{v_n})) \tag{5.23}$$

其中，v 是节点 u 的相邻节点，P_n 是负采样分布，Q 是负样本数。

第6章

循环图神经网络

图神经网络的另一种趋势是在前向传播过程中使用 GRU[36] 或 LSTM[37] 等 RNN 的门控机制，这样做可以弥补基础 GNN 模型的不足，并且提高长距离信息传播的有效性。本章将讨论数个模型，我们把这些模型称为**循环图神经网络**（graph recurrent network，GRN）。与卷积图神经网络相比，循环图神经网络在不同的层之间使用相同的参数，这使得参数能够逐步收敛。卷积图神经网络在不同的层之间使用不同的参数，从而能够提取不同尺度的特征。

6.1 GGNN

2016 年，Yujia Li 等人 [42] 提出了**门控图神经网络**（gated graph neural network，GGNN），它在前向传播过程中使用了**门控循环单元**（gate recurrent unit，GRU）。该过程在固定的时间步 T 中展开 RNN，并使用时序反向传播算法计算梯度。

具体而言，该模型的基本循环单元传播过程如下：

$$\mathbf{a}_v^t = \boldsymbol{A}_v^{\mathrm{T}} \left[\mathbf{h}_1^{t-1} \cdots \mathbf{h}_N^{t-1} \right]^{\mathrm{T}} + \mathbf{b}$$
$$\mathbf{z}_v^t = \sigma(\boldsymbol{W}^z \mathbf{a}_v^t + \boldsymbol{U}^z \mathbf{h}_v^{t-1})$$
$$\mathbf{r}_v^t = \sigma(\boldsymbol{W}^r \mathbf{a}_v^t + \boldsymbol{U}^r \mathbf{h}_v^{t-1}) \qquad (6.1)$$
$$\tilde{\mathbf{h}}_v^t = \tanh(\boldsymbol{W} \mathbf{a}_v^t + \boldsymbol{U}(\mathbf{r}_v^t \odot \mathbf{h}_v^{t-1}))$$
$$\mathbf{h}_v^t = (1 - \mathbf{z}_v^t) \odot \mathbf{h}_v^{t-1} + \mathbf{z}_v^t \odot \tilde{\mathbf{h}}_v^t$$

节点 v 首先聚合其相邻节点的信息，其中 $\boldsymbol{A}_v$ 是图邻接矩阵 $\boldsymbol{A}$ 的子矩阵，表示节点 v 与相邻节点的连接情况。类似 GRU 的更新函数使用来自每个节点的邻域信息以及上一个时间步的信息更新节点的隐状态。向量 $\boldsymbol{a}$ 聚合节点 v 的邻域信息，$\mathbf{z}$ 和 $\mathbf{r}$ 分别是更新门和重置门，$\odot$ 是阿达马积。

GGNN 模型旨在处理需要输出节点序列的图问题，而现有的其他模型则仅产生单个输出。

在 GGNN 的基础之上，Yujia Li 等人进一步提出了 GGS-NN，它使用多个 GGNN 输出序列 $\mathbf{o}^{(1)} \cdots \mathbf{o}^{(K)}$。如图 6-1 所示，在第 k 输出步，节点特征矩阵记为 $\boldsymbol{X}^{(k)}$。图中的架构使用了两个 GGNN：

❑ $F_o^{(k)}$ 用于从 $\boldsymbol{X}^{(k)}$ 中预测 $\mathbf{o}^{(k)}$；
❑ $F_x^{(k)}$ 用于从 $\boldsymbol{X}^{(k)}$ 中预测 $\boldsymbol{X}^{(k+1)}$。

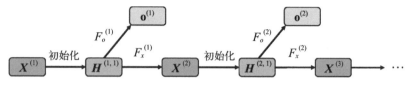

图 6-1　GGNN 模型示意图

我们使用 $\boldsymbol{H}^{(k,t)}$ 表示第 k 输出步的第 t 轮传播的隐状态。在每个输出步中，$\boldsymbol{H}^{(k,1)}$ 都会用 $\boldsymbol{X}^{(k)}$ 来初始化。$F_o^{(k)}$ 和 $F_x^{(k)}$ 既可以是不同的模型，

也可以共享权重参数。

GGNN 模型被用于 bAbI 任务 [①]，以及程序验证任务。在这些任务中，它表现出一定的有效性。

6.2 Tree-LSTM

在基于树结构或图结构的传播过程中，LSTM 也以与 GRU 相似的方式使用。

2015 年，Kai Sheng Tai 等人 [54] 针对基本的 LSTM 架构提出了两个扩展：Child-Sum Tree-LSTM 和 N-ary Tree-LSTM。

像在标准 LSTM 单元中一样，每个 Tree-LSTM 单元（由 v 索引）都包含输入门 $\mathbf{i}_v$、输出门 $\mathbf{o}_v$、存储单元 $\mathbf{c}_v$ 和隐状态 $\mathbf{h}_v$。标准 LSTM 单元使用单个遗忘门，Tree-LSTM 单元则具有多个遗忘门，对每个子节点 k 使用遗忘门 $\mathbf{f}_{vk}$，从而使节点 v 能够聚合来自其子节点的信息。Child-Sum Tree-LSTM 的传播公式如下：

$$\tilde{\mathbf{h}}_v^{t-1} = \sum_{k \in N_v} \mathbf{h}_k^{t-1}$$
$$\mathbf{i}_v^t = \sigma(\boldsymbol{W}^i \mathbf{x}_v^t + \boldsymbol{U}^i \tilde{\mathbf{h}}_v^{t-1} + \mathbf{b}^i)$$
$$\mathbf{f}_{vk}^t = \sigma(\boldsymbol{W}^f \mathbf{x}_v^t + \boldsymbol{U}^f \mathbf{h}_k^{t-1} + \mathbf{b}^f)$$
$$\mathbf{o}_v^t = \sigma(\boldsymbol{W}^o \mathbf{x}_v^t + \boldsymbol{U}^o \tilde{\mathbf{h}}_v^{t-1} + \mathbf{b}^o) \quad (6.2)$$
$$\mathbf{u}_v^t = \tanh(\boldsymbol{W}^u \mathbf{x}_v^t + \boldsymbol{U}^u \tilde{\mathbf{h}}_v^{t-1} + \mathbf{b}^u)$$
$$\mathbf{c}_v^t = \mathbf{i}_v^t \odot \mathbf{u}_v^t + \sum_{k \in N_v} \mathbf{f}_{vk}^t \odot \mathbf{c}_k^{t-1}$$
$$\mathbf{h}_v^t = \mathbf{o}_v^t \odot \tanh(\mathbf{c}_v^t)$$

① 详见 "Towards AI-Complete Question Answering: A Set of Prerequisite Toy Tasks"。

其中，$\mathbf{x}_v^t$ 是在标准的 LSTM 设置下 t 时间步的输入向量，$\odot$ 是阿达马积。

如果树中每个节点的子节点数最多为 K，并且这些子节点可以排序，则可以应用 N-ary Tree-LSTM。对于节点 v，$\mathbf{h}_{vk}^t$ 和 $\mathbf{c}_{vk}^t$ 分别表示其在时间 t 的第 k 个子节点的隐状态和存储单元。转换方程如下：

$$\mathbf{i}_v^t = \sigma(W^i \mathbf{x}_v^t + \sum_{l=1}^{K} U_l^i \mathbf{h}_{vl}^{t-1} + \mathbf{b}^i)$$

$$\mathbf{f}_{vk}^t = \sigma(W^f \mathbf{x}_v^t + \sum_{l=1}^{K} U_{kl}^f \mathbf{h}_{vl}^{t-1} + \mathbf{b}^f)$$

$$\mathbf{o}_v^t = \sigma(W^o \mathbf{x}_v^t + \sum_{l=1}^{K} U_l^o \mathbf{h}_{vl}^{t-1} + \mathbf{b}^o) \quad (6.3)$$

$$\mathbf{u}_v^t = \tanh(W^u \mathbf{x}_v^t + \sum_{l=1}^{K} U_l^u \mathbf{h}_{vl}^{t-1} + \mathbf{b}^u)$$

$$\mathbf{c}_v^t = \mathbf{i}_v^t \odot \mathbf{u}_v^t + \sum_{l=1}^{K} \mathbf{f}_{vl}^t \odot \mathbf{c}_{vl}^{t-1}$$

$$\mathbf{h}_v^t = \mathbf{o}_v^t \odot \tanh(\mathbf{c}_v^t)$$

与 Child-Sum Tree-LSTM 不同，N-ary Tree-LSTM 为每个子节点引入了单独的参数矩阵，这使模型能够基于每个节点的子节点信息，为每个节点得到更细粒度的表示。

6.3 Graph-LSTM

Child-Sum Tree-LSTM 和 N-ary Tree-LSTM 可以轻松适配图问题。Victoria Zayats 和 Mari Ostendorf[55] 于 2018 年提出的**图结构 LSTM**（graph-structured LSTM）是 N-ary Tree-LSTM 用于图问题的一个示例。但是，

它是 Graph-LSTM 的一个简化版本，该模型所用于的图中的每个节点最多具有两条传入边（来自其父节点和同级前驱节点）。2017 年，Nanyun Peng 等人 [56] 基于关系抽取任务提出了 Graph-LSTM 的另一个变体。图与树的一个主要区别在于，图中的边具有标签。Peng 等人利用不同的权重矩阵表示不同的标签：

$$\mathbf{i}_v^t = \sigma(\boldsymbol{W}^i \mathbf{x}_v^t + \sum_{k \in N_v} \boldsymbol{U}_{m(v,k)}^i \mathbf{h}_k^{t-1} + \mathbf{b}^i)$$

$$\mathbf{f}_{vk}^t = \sigma(\boldsymbol{W}^f \mathbf{x}_v^t + \boldsymbol{U}_{m(v,k)}^f \mathbf{h}_k^{t-1} + \mathbf{b}^f)$$

$$\mathbf{o}_v^t = \sigma(\boldsymbol{W}^o \mathbf{x}_v^t + \sum_{k \in N_v} \boldsymbol{U}_{m(v,k)}^o \mathbf{h}_k^{t-1} + \mathbf{b}^o)$$

$$\mathbf{u}_v^t = \tanh(\boldsymbol{W}^u \mathbf{x}_v^t + \sum_{k \in N_v} \boldsymbol{U}_{m(v,k)}^u \mathbf{h}_k^{t-1} + \mathbf{b}^u) \qquad (6.4)$$

$$\mathbf{c}_v^t = \mathbf{i}_v^t \odot \mathbf{u}_v^t + \sum_{k \in N_v} \mathbf{f}_{vk}^t \odot \mathbf{c}_k^{t-1}$$

$$\mathbf{h}_v^t = \mathbf{o}_v^t \odot \tanh(\mathbf{c}_v^t)$$

其中，$m(v,k)$ 表示节点 v 和 k 之间的边的标签，$\odot$ 是阿达马积。

2016 年，Xiaodan Liang 等人 [57] 提出了一个 Graph-LSTM 网络来应对语义对象解析任务。该网络使用基于置信度的方案，自适应地选择起始节点并确定节点的更新顺序。它遵循将现有 LSTM 拓展到图结构数据的相同思想，但是具有特定的更新顺序，而上文提到的方法与节点的顺序无关。

6.4 S-LSTM

2018 年，Yue Zhang 等人 [58] 提出了用于改进文本编码的 Sentence-LSTM（以下简称 S-LSTM）。它将文本转换为图结构，并利用 Graph-

LSTM 学习相应表示。S-LSTM 在许多自然语言处理问题中展现出强大的表示能力。

　　具体地说，S-LSTM 模型将每个单词视为图中的一个节点，并添加了一个超节点。对于每一层，单词节点可以聚合来自其相邻单词以及超节点的信息。超节点可以聚合它自身的信息以及来自所有单词节点的信息。图 6-2 展示了不同节点之间的连接情况。

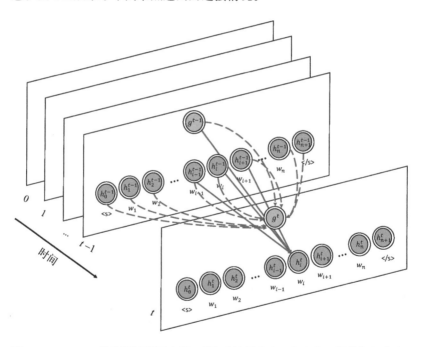

图 6-2　S-LSTM 的传播过程示意图。虚线连接超节点 g 和它上一层的相邻节点，实线连接单词节点和它上一层的相邻节点

　　之所以要像图 6-2 所示这样连接，是因为超节点可以提供全局信息来解决长距离依赖性问题，单词节点则可以根据其相邻单词建模上下文信息。这样一来，每个单词都可以获取足够的信息并对局部信息和全局

信息进行建模。

S-LSTM 模型可用于许多自然语言处理任务。单词节点的隐状态可用于解决词级别的问题，例如序列标注、词性标注等。超节点的隐状态可用于解决句子级别的问题，例如句子分类。该模型在多项任务中取得了令人鼓舞的结果，并且胜过了强大的 Transformer 模型[59]。

第7章

图注意力网络

注意力机制已成功用于许多基于序列的任务，例如机器翻译[59-61]、机器阅读[62]等。与 GCN 平等对待所有相邻节点不同，注意力机制可以为每个相邻节点分配不同的注意力分数，从而识别出较为重要的相邻节点。将注意力机制纳入 GNN 的传播步骤是很自然的做法。本章将介绍两种图注意力网络。

注意，图注意力网络也可以看作卷积图神经网络家族中的一种方法。关于卷积图神经网络的细节，请参阅第 5 章。

7.1　GAT

2018 年，Petar Velickovic 等人[63]提出了一种叫作 GAT（Graph Attention Network）的图注意力网络。它在传播过程中引入了注意力机制。具体地说，它采用了自注意力机制。节点的隐状态是通过针对邻域计算注意力分数得到的。

GAT 由堆叠简单的**图注意力层**（graph attentional layer）来实现。图注意力层针对节点对 (i, j) 计算注意力系数，计算方式如下：

$$\alpha_{ij} = \frac{\exp(\text{LeakyReLU}(\boldsymbol{a}^{\text{T}}[\boldsymbol{W}\mathbf{h}_i \parallel \boldsymbol{W}\mathbf{h}_j]))}{\sum_{k \in N_i} \exp(\text{LeakyReLU}(\boldsymbol{a}^{\text{T}}[\boldsymbol{W}\mathbf{h}_i \parallel \boldsymbol{W}\mathbf{h}_k]))} \tag{7.1}$$

其中，α_{ij} 是节点 j 到节点 i 的注意力系数，N_i 表示节点 i 的邻居节点集合。节点的输入特征为 $\mathbf{h} = \{\mathbf{h}_1, \mathbf{h}_2, \cdots, \mathbf{h}_N\}$，且 $\mathbf{h}_i \in \mathbb{R}^F$，其中 N 和 F 分别表示节点个数和特征维数。节点的输出特征为 $\mathbf{h}' = \{\mathbf{h}_1', \mathbf{h}_2', \cdots, \mathbf{h}_N'\}$，且 $\mathbf{h}_i' \in \mathbb{R}^{F'}$。$\boldsymbol{W} \in \mathbb{R}^{F' \times F}$ 是在每一个节点上应用的线性变换权重矩阵，$\boldsymbol{a} \in \mathbb{R}^{2F'}$ 是权重向量，它可以将输入映射到 $\mathbb{R}$。最终使用 LeakyReLU 以提供非线性（其中负输入的斜率为 0.2）并使用 softmax 函数进行归一化。

最终，节点的输出特征按照如下方式计算：

$$\mathbf{h}_i' = \sigma\left(\sum_{j \in N_i} \alpha_{ij} \boldsymbol{W} \mathbf{h}_j\right) \tag{7.2}$$

此外，图注意力层利用**多头注意力机制**稳定学习过程。它应用 K 个独立的注意力机制来计算隐状态，然后将其特征拼接起来（或计算平均值），从而得到以下两种输出表示形式：

$$\mathbf{h}_i' = \overset{K}{\underset{k=1}{\parallel}} \sigma\left(\sum_{j \in N_i} \alpha_{ij}^k \boldsymbol{W}^k \mathbf{h}_j\right) \tag{7.3}$$

$$\mathbf{h}_i' = \sigma\left(\frac{1}{K} \sum_{k=1}^{K} \sum_{j \in N_i} \alpha_{ij}^k \boldsymbol{W}^k \mathbf{h}_j\right) \tag{7.4}$$

其中，α_{ij}^k 是第 k 个注意力头归一化的注意力系数，$\parallel$ 表示拼接运算。GAT 模型的细节如图 7-1 所示。

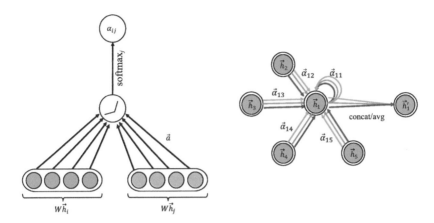

图 7-1 GAT 模型示意图。左图展示了 GAT 模型的注意力机制，
右图展示了节点 1 上的多头注意力机制

GAT 模型的结构具有如下特点。

□ 由于节点 – 相邻节点对的计算可以并行化，因此运算效率很高。

□ 可以处理具有不同度的节点，并为它们的相邻节点分配相应的
权重。

□ 可以很容易地应用于归纳学习。

GAT 在半监督节点分类、链接预测等多项任务中胜过 GCN。

7.2 GaAN

除了 GAT，门控注意力网络（gated attention network，GaAN）[64] 也
使用多头注意力机制。GaAN 与 GAT 在注意力聚合器方面的区别在于，
GaAN 使用键 – 值注意力机制和点积注意力机制，而 GAT 使用全连接
层来计算注意力系数。

此外，GaAN 通过额外的软门控计算来为不同的注意力头分配不同的权重。该聚合器称为**门控注意力聚合器**。具体地说，GaAN 使用卷积网络，该卷积网络聚合中心节点及其相邻节点的特征以生成门控值。

在归纳式节点分类任务上，GaAN 的表现比 GAT 和其他使用了不同聚合函数的 GNN 模型都要好。

第8章

图残差网络

在图神经网络的许多应用中，人们试着展开或堆叠图神经网络层，以期获得更好的结果，这是因为更多的层（假设层数为 k）使每个节点都能从 k 跳远的相邻节点处收集更多信息。然而，许多实验结果表明，增加模型的深度无法改善性能，更深的模型甚至可能表现得更差[2]。这主要是因为，更多的层可能从成倍增加的邻域成员中传播噪声信息。

为了解决上述问题，一个很自然的想法借鉴于计算机视觉领域——使用残差[65]。但是，即便使用残差连接，深层 GCN 在大多数数据集上也并不比双层 GCN 强[2]。

本章将介绍使用跳跃连接解决上述问题的几种方法。

8.1 Highway GCN

2018 年，Afshin Rahimi 等人[66]参考 Julian Georg Zilly 等人[67]关于**高速网络**（highway network，HN）的研究，提出了使用层级门控的 Highway GCN。在每一层中，都将输入与门控权重相乘并与输出相加（⊙为阿达马积）：

$$T(\mathbf{h}^l) = \sigma(\boldsymbol{W}^l \mathbf{h}^l + \boldsymbol{b}^l)$$
$$\mathbf{h}^{l+1} = \mathbf{h}^{l+1} \odot T(\mathbf{h}^l) + \mathbf{h}^l \odot (1 - T(\mathbf{h}^l)) \tag{8.1}$$

门控机制的目标是使神经网络有能力从新的和旧的隐状态中进行选择。因此，如有必要，可以将早期隐状态传播到最终状态。在 Rahimi 等人的实验中，模型性能在层数为 4 时达到峰值，在此基础上继续增加层数所带来的效果变化不大。

Trang Pham 等人[68]于 2017 年提出的**列网络**（column network，CLN）也使用了 HN 的机制，但其计算门控权重的函数不同，该函数是基于特定任务的。

8.2 Jump Knowledge Network

2018 年，Keyulu Xu 等人[69]在其论文中研究了邻域聚合方案的特点和局限性，并提出针对不同节点设置不同的感受野可能获得更好的表示。举例来说，对于图中的中心节点，其相邻节点的数量会随层数增加而呈指数级增长，这意味着学习更多的噪声，并使得表示更平滑。然而，对于图中的边缘节点，即使拓展其感受野，它的相邻节点也很少。因此，这些节点缺乏足够的信息来学习好的表示。

Xu 等人进一步提出了 Jump Knowledge Network，它可以学习自适应、能感知结构的表示。在该模型中，最后一层的每个节点都从所有中间表示（"跳到最后一层"）中选择，这使每个节点都可以根据需要选择合适的邻域大小。在实验中，Xu 等人使用拼接、最大池化和 LSTM 注意力机制这 3 种方法来汇总信息。模型示意图如图 8-1 所示。

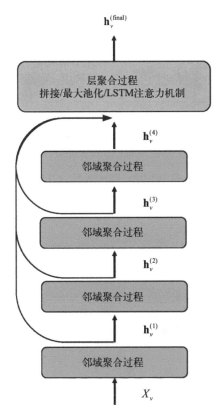

图 8-1　Jump Knowledge Network 示意图

　　这一模型的设计思路简单，它在社交媒体、生物信息学和引文网络的相关实验中表现良好。此外，它还可以与 GCN、GraphSAGE 和 GAT 之类的模型结合使用，以提高性能。

8.3 DeepGCN

2019 年，Guohao Li 等人[70] 将 CNN 中的跳跃连接应用于 GNN。在 GNN 中堆叠网络层有两大挑战：一是梯度消失问题，二是过度平滑问题。Li 等人使用 ResNet[53] 中的残差连接和 DenseNet[71] 中的密集连接来解决梯度消失问题，并使用扩张卷积（或空洞卷积）[72] 来解决过度平滑问题。

Li 等人将原 GCN 模型记为 PlainGCN，并进一步提出了 ResGCN 和 DenseGCN。这 3 个架构组成了 DeepGCN 模块。在 PlainGCN 中，隐状态的计算公式如下：

$$H^{t+1} = \mathcal{F}(H^t, W^t) \tag{8.2}$$

其中，$\mathcal{F}$ 为一般的图卷积运算，W^t 是第 t 层的参数。

对于 ResGCN，计算过程为：

$$\begin{aligned} H_{\text{Res}}^{t+1} &= H^{t+1} + H^t \\ &= \mathcal{F}(H^t, W^t) + H^t \end{aligned} \tag{8.3}$$

其中，H^t 是第 t 层的隐状态矩阵，它在图卷积后直接加入下一层的隐状态矩阵。

对于 DenseGCN，计算过程为：

$$\begin{aligned} H_{\text{Dense}}^{t+1} &= \mathcal{T}(H^{t+1}, H^t, \cdots, H^0) \\ &= \mathcal{T}(\mathcal{F}(H^t, W^t), \mathcal{F}(H^{t-1}, W^{t-1}), \cdots, H^0) \end{aligned} \tag{8.4}$$

其中，$\mathcal{T}$ 是节点上的拼接函数。隐状态的维数随着模型的层数增长而增长。图 8-2 直观地展示了这 3 个架构。

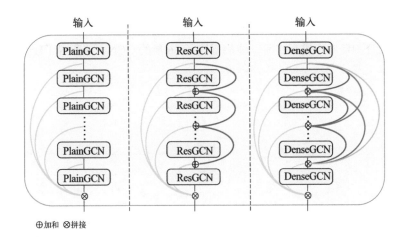

图 8-2 由 PlainGCN、ResGCN 和 DenseGCN 组成的 DeepGCN 模块

在论文中，Li 等人进一步提出，使用扩张卷积来解决过度平滑问题。该论文使用的是**扩张 k 近邻方法**，扩张率为 d。对每个节点，模型首先利用预先定义的指标选择 $k * d$ 个相邻节点，然后对节点进行选择，每次选择都会跳过 d 个相邻节点。举个例子，如果相邻节点为 $(u_1, u_2, \cdots, u_{k*d})$，则节点 v 经过扩张化后的相邻节点为 $(u_1, u_{1+d}, u_{1+2d}, \cdots, u_{1+(k-1)d})$。扩张卷积使用不同上下文的信息，增大节点 v 的感受野，这被证明是有效的。图 8-3 展示了扩张卷积的过程。

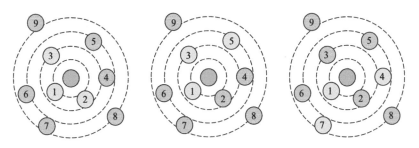

图 8-3 扩张卷积示意图，扩张率从左到右依次为 1、2、3

ResGCN 和 DenseGCN 均采用了扩张 k 近邻方法。Li 等人在点云语义分割任务中进行实验，他们搭建了 56 层的 GCN，并获得了较好的结果。

第9章

不同图类型的模型变体

第 4 章介绍的基础 GNN 模型[40] 被用于处理无向图,这些图包含具有标签的节点,是最简单的图。然而,在现实世界中还有更多类型的图,建模这些图结构需要不同的 GNN 结构。本章研究针对不同类型的图设计的图模型结构。

9.1 有向图

无向图的第一个变体是**有向图**(directed graph)。一条无向边可以被视作两条有向边,它表明两个节点之间存在关系。然而,有向边蕴含更多信息。举例来说,知识图谱中的头实体指向尾实体的关系就是一条有向边,它说明应该区别对待两个方向上的传播。

关于有向图,这里介绍**稠密图传播模型**(dense graph propagation,DGP)[73]。对于每个目标节点,它都从其所有后代节点和前驱节点那里接收信息,并分别使用两个权重矩阵 W_a 和 W_d 来学习更精确的结构信息。该模型的传播过程如下:

$$H = \sigma(D_a^{-1}A_a\sigma(D_d^{-1}A_dX\Theta_d)\Theta_a) \tag{9.1}$$

其中，$\boldsymbol{D}_a^{-1}\boldsymbol{A}_a$ 和 $\boldsymbol{D}_d^{-1}\boldsymbol{A}_d$ 分别是前驱节点和后代节点对应的归一化邻接矩阵。由于稠密图中各相邻节点的影响因距离不同而不同，因此 DGP 采用一种针对相邻节点的权重分配方式，可以使不同距离的节点产生不同的影响力。在关于 DGP 的论文中，作者使用 $w^a = \{w_i^a\}_{i=0}^K$ 和 $w^d = \{w_i^d\}_{i=0}^K$ 分别表示来自前驱节点和后代节点的权重。因此，加权传播过程变为：

$$H = \sigma\left(\sum_{k=0}^K \alpha_k^a \boldsymbol{D}_k^{a^{-1}} \boldsymbol{A}_k^a \sigma\left(\sum_{k=0}^K \alpha_k^d \boldsymbol{D}_k^{d^{-1}} \boldsymbol{A}_k^d \boldsymbol{X}\Theta_d\right)\Theta_a\right) \tag{9.2}$$

其中，$\boldsymbol{A}_k^a$ 是邻接矩阵中包含前驱节点 k 跳边的子矩阵，$\boldsymbol{A}_k^d$ 则是邻接矩阵中包含子节点传播 k 跳的子矩阵。$\boldsymbol{D}_k^a$ 和 $\boldsymbol{D}_k^d$ 为对应的度矩阵。

9.2 异构图

第二个变体是**异构图**（heterogeneous graph）。

异构图可以表示为有向图 $\mathcal{G} = \{\mathcal{V}, \mathcal{E}\}$，其节点类型映射为 $\phi: \mathcal{V} \to A$，关系类型映射为 $\psi: \mathcal{E} \to R$。其中，$\mathcal{V}$ 是节点集合，$\mathcal{E}$ 是边集合，A 是节点类型集合，R 是关系类型集合，且有 $|A|>1$ 或者 $|R|>1$ 成立。

要处理异构图，最简单的方法是将节点类型转化为**独热编码**（one-hot）的特征向量，并将其拼接在节点的原有特征上。GraphInception 模型[74] 在异构图的传播过程中引入了**元路径**（meta-path）的概念，基于元路径的方法是处理异构图的一种常用方法。

异构图 $\mathcal{G} = \{\mathcal{V}, \mathcal{E}\}$ 中的元路径 $\mathcal{P}$ 是这样一条路径：$A_1 \xrightarrow{R_1} A_2 \xrightarrow{R_2} A_3 \cdots \xrightarrow{R_L} A_{L+1}$，其中，$L+1$ 是路径的长度。

有了元路径，就可以根据类型和距离将相邻节点分类，进而将异构图分解为一组同构图，因此异构图也被称为**多通道网络**。GraphInception只考虑单一节点类的分类问题，我们将目标节点类表示为 $\mathcal{V}_1$。有了元路径集合 $\mathcal{S} = \{\mathcal{P}_1, \cdots, \mathcal{P}_{|\mathcal{S}|}\}$，就可以将异构图转化为如下的多通道网络 G'：

$$G' = \left\{ G'_\ell \mid G'_\ell = (\mathcal{V}_1, \mathcal{E}_{1\ell}), \ell = 1, \cdots, |\mathcal{S}| \right\} \tag{9.3}$$

其中，$\mathcal{V}_1, \cdots, \mathcal{V}_m$ 代表由 m 种类型的节点组成的集合，$\mathcal{V}_1$ 代表目标节点类型的节点集合，$\mathcal{E}_{1\ell} \subseteq \mathcal{V}_1 \times \mathcal{V}_1$ 表示遵循元路径 $\mathcal{P}_\ell$ 模式的边实例，且两端节点都属于 $\mathcal{V}_1$ 集合。对每一组相邻节点，GraphInception 模型都将其视为一个同构图中的子图进行传播，最终将不同的同构图得到的表示进行拼接，从而得到共同的节点表示。和一般的模型使用拉普拉斯矩阵不同，GraphInception 模型使用转移概率矩阵 $\boldsymbol{P}$ 作为傅里叶变换的基。

2019 年，Xiao Wang 等人 [75] 提出了异构图注意力网络 HAN，该模型使用节点层面和语义层面的注意力机制。首先，对于每条元路径，HAN 模型都在节点层面进行注意力聚合，以学习特定节点嵌入。接着，基于这种针对元路径的表示，该模型再做语义层面的注意力学习，以提供更全面的节点表示。这样一来，该模型就可以同时考虑节点重要性和元路径重要性。

针对社交网络中的事件分类任务，Hao Peng 等人 [76] 在 2019 年提出了 PP-GCN 模型，用于为社交网络中的事件分类。对于事件图中的两个事件，该模型首先通过不同的元路径连接为其计算出加权参数，然后构造一个带权重的邻接矩阵来标注社交事件实例，并在其上使用 GCN 模型 [2] 来学习事件的表示。

为了降低训练成本，Xia Chen 等人 [77] 在 2019 年提出了 ActiveHNE，

并在异构图学习中引入了**主动学习**（active learning）。基于不确定性和代表性，ActiveHNE 在训练集中选择最重要的节点获取标签。这一步骤显著地降低了查询成本，同时在真实数据集上获得了非常好的效果。

9.3 带有边信息的图

在无向图的第三个变体中，每条边都带有额外信息，例如权重、边的类型等。本节介绍两种方法来处理这一类图。

第一种方法是将图转换为**二部图**（bipartite graph）。在这个过程中，原始图的边变为节点，一条边被拆分为两条新边，这意味着在边节点与起始节点和结束节点之间分别有一条新边。这种图变换被称为 Levi 图变换[78,79]。

给定图 $\mathcal{G} = \{\mathcal{V}, \mathcal{E}, L_\mathcal{V}, L_\mathcal{E}\}$，其中 $L_\mathcal{V}$ 和 $L_\mathcal{E}$ 分别为节点集合和边集合的标签，它对应的 Levi 图为 $\mathcal{G}' = \{\mathcal{V}', \mathcal{E}', L_{\mathcal{V}'}, L_{\mathcal{E}'}\}$，其中 $\mathcal{V}' = \mathcal{V} \cup \mathcal{E}$，$L_{\mathcal{V}'} = L_\mathcal{V} \cup L_\mathcal{E}$，且 $L_{\mathcal{E}'} = \varnothing$。新的边集合 $\mathcal{E}'$ 包含了原有节点和新加入节点之间的边，且 Levi 图的边是没有标签的。

在 G2S 网络中，Daniel Beck 等人[80]将 AMR 图转换为 Levi 图（如图 9-1 所示），并在图上应用门控图神经网络。G2S 的编码器使用以下邻域聚合函数：

$$\mathbf{h}_v^t = \sigma\left(\frac{1}{|N_v|} \sum_{u \in N_v} \boldsymbol{W}_r(\mathbf{r}_v^t \odot \mathbf{h}_u^{t-1}) + \mathbf{b}_r\right) \tag{9.4}$$

其中，$\mathbf{r}_v^t$ 是 GRU 中对节点 v 在第 t 层的重置门，W_r 和 $\mathbf{b}_r$ 为不同类型的边（关系）的传播参数，σ 是非线性激活函数，$\odot$ 是阿达马积。

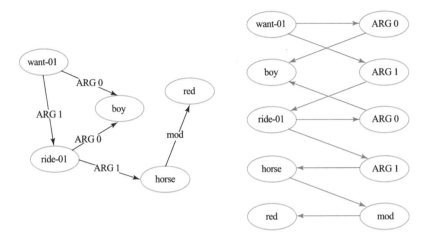

图 9-1 AMR 图示例及其对应的 Levi 图。左图为 "The boy wants to ride the red horse" 对应的 AMR 图，右图为对应的 Levi 图

第二种方法是在传播过程中，对不同类型的边使用不同的权重矩阵。针对关系种类较多的情况，R-GCN[43] 引入了两种正则化方法来减少建模关系所需的参数量。这两种正则化方法分别是**基分解**（basis-decomposition）和**块对角分解**（block-diagonal-decomposition）。

使用基分解，每一个关系的权重 W_r 为：

$$W_r = \sum_{b=1}^{B} a_{rb} V_b \qquad (9.5)$$

其中，W_r 被表示为共享的基矩阵 $V_b \in \mathbb{R}^{d_{in} \times d_{out}}$ 的加权和（权重为 a_{rb}）。

在块对角分解中，R-GCN 通过针对一个低维矩阵集合直接求和来定义每一个 W_r，这比第一种分解需要更多参数：

$$W_r = \bigoplus_{b=1}^{B} Q_{br} \qquad (9.6)$$

于是，$\boldsymbol{W}_r = \mathrm{diag}(\boldsymbol{Q}_{1r}, \cdots, \boldsymbol{Q}_{Br})$ 由 $\boldsymbol{Q}_{br} \in \mathbb{R}^{(d^{(l+1)}/B) \times (d^{(l)}/B)}$ 组成。块对角分解限制了权重矩阵的稀疏度，并隐含这样一个假设：隐向量可以被分为更小的部分。通过这两种方式，R-GCN 使用不同的参数矩阵表示不同的关系，并在知识图谱链接预测任务上取得了性能提升。

9.4 动态图

时空预测（spatial-temporal forecasting）是一种很重要的任务，可以对应现实世界中的交通预测、人体动作识别和气候预测。某些预测问题可以建模为针对动态图的预测，动态图包含静态的图结构和动态的输入信号。图 9-2 展示了基于现有图状态预测未来图状态的任务。

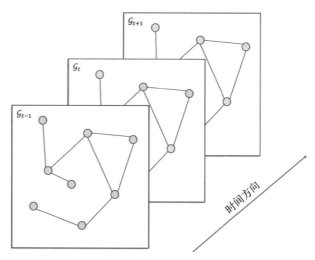

图 9-2　时空图示例，其中 $\mathcal{G}_t$ 对应当前图状态在 t 时刻的一帧

为了捕获时间和空间两方面的信息，DCRNN[81] 和 STGCN[82] 使用独立的模块分别学习空间信息和时间信息。

DCRNN 将图中的流建模为扩散过程，扩散层将空间信息进行传播并更新节点的隐状态。在时序依赖上，DCRNN 使用 RNN 结构，不同之处在于将其中的矩阵相乘过程替换为扩散卷积过程。整个模型是基于"序列对序列"架构构建的，并能实现多步预测。

STGCN 包含多个时空卷积块，每一个时空卷积块都使用两个时序门控卷积层，其间是一个空间图卷积层。时空卷积块内部还使用了残差连接和瓶颈策略。

与以上两个模型不同的是，Structural-RNN[83] 和 ST-GCN[84] 同时采集空间信息和时间信息。这两个模型使用时序连接拓展静态图，并在拓展后的图上使用 GNN。

Structural-RNN 在同一个节点的前后时间点之间建立连接，然后对节点和边分别构建 RNN（nodeRNN 和 edgeRNN），两部分 RNN 构成二部图并针对每个节点进行传播。

ST-GCN 将所有时间节点的图堆叠起来，以构建一个时空图。模型将图分割，为每一个节点都指定一个权重向量，然后直接在带权重的时空图上进行图卷积。

Graph WaveNet[85] 考虑了一个更困难的场景：静态图的邻接矩阵不能如实反映真正的空间依赖信息，即缺失信息或信息有误。这种情况是普遍存在的，因为节点之间的距离不一定能反映逻辑上的联系。因此，Zonghan Wu 等人 [85] 提出了一种自适应的邻接矩阵，这种矩阵在学习过程中获得，并使用一个由**时间卷积网络**（temporal convolution network，TCN）和 GCN 结合而成的框架来解决这一问题。

9.5 多维图

到目前为止，我们已经考虑了带有二元边的图。然而在现实世界的图中，节点很可能通过多种关系相连，从而构成**多维图**（multi-dimensional graph，也叫作 multi-view graph 或 multi-graph），如图 9-3 所示。举例来说，YouTube 视频网站用户的交互过程包含订阅、分享、评论等[86]。考虑到这些关系并非天然独立，直接应用处理**单维图**（single-dimensional graph）的模型可能不是最好的做法。

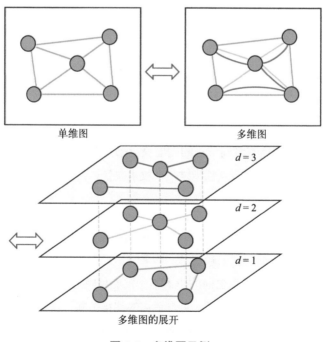

图 9-3 多维图示例

对多维图的早期研究主要集中于解决社团发现和聚类问题。2011年，Michele Berlingerio 等人[87] 给出了多维图上"社团"的定义并提供了两种指标来描述多维图上社团的密度。2013 年，Evangelos E. Papalexakis 等人[88] 提出了两种具体的算法 MultiCLUS 和 GraphFuse，用于寻找全部维度上的社团。

2018 年，Yiwei Sun 等人[90] 提出了一种多维图表示学习算法，该算法主要关注多维图中的节点嵌入学习。他们首先基于一种图上的软聚类算法——图分解聚类（graph factorization clustering，GFC）①——提出了一种单维图表示学习算法，接着进一步将该方法扩展到多维图上。这两种方法在两种设定下均取得了较好的结果。

最近，有人提出了一些特殊的 GCN 变体，以解决多维图问题。Yao Ma 等人[86] 提出了 mGCN 模型。该模型为同一个节点在不同维度上的表示使用不同的嵌入向量，每个节点的这些不同的嵌入向量由该节点对应的一个通用向量通过在不同维度的映射转换而来。他们设计了一种 GNN 聚合方式，可以同时考虑相同维度上的不同节点的交互和不同维度上的同一个节点的交互。2019 年，Muhammad Raza Khan 和 Joshua E. Blumenstock[89] 提出了 Multi-GCN 算法。该算法通过将多维图合并成单维图来进行后续的学习。降维过程分为两步：首先通过**子空间分析**（subspace analysis）将多维图合并，然后通过**流形学习**（manifold learning）对图进行剪切。降维过程结束后，在单维图上应用GCN 便可以进行学习。

---

① 详见"Soft Clustering on Graphs"。

第 10 章

高级训练方法

由于最初的图神经网络在训练和优化方面存在一些缺点，因此本章将介绍几种高级训练方法。首先介绍采样和感受野控制方法，然后介绍几种针对图的池化方法，最后介绍数据增广方法和几种无监督训练方法。

10.1 采样

最初的图神经网络在训练和优化方面有一些缺点。例如，GCN 需要计算整个图的拉普拉斯算子，这在大型图上计算量很大。此外，GCN 的训练在固定图上独立进行，缺乏归纳学习的能力。

GraphSAGE[1] 是对原始 GCN 的全面改进。为了解决上述问题，GraphSAGE 用基于空间的邻域采样替换了全图拉普拉斯矩阵，这是执行消息传递和泛化到不可见节点的关键。如公式 (5.20) 所示，首先聚合邻域嵌入，将其与目标节点的嵌入拼接，然后传播到下一层。使用学到的聚合函数和传播函数，GraphSAGE 可以为不可见节点生成嵌入。另外，GraphSAGE 使用随机近邻采样方法来缓解感受野扩展的问题。

与 GCN[2] 相比，GraphSAGE 提出了一种通过批量节点而不是全图拉普拉斯矩阵训练模型的方法。尽管这可能很耗时，但可以用于训练大型图。

GraphSAGE 为每个节点采样固定个数的邻居。为了减少采样带来的方差增大，2018 年，Jianfei Chen 等人[95] 利用节点的历史激活作为控制变量，为 GCN 提出了一种基于控制变量的随机逼近算法。该算法主要保持历史平均激活 $\overline{\mathbf{h}}_v^{(l)}$ 近似于真实激活 $\mathbf{h}_v^{(l)}$。这种方法的优点是，它通过使用历史隐状态作为近似值来限制选择 1 跳邻域中的节点作为感受野，并且进一步证明了该近似值的方差为零。

PinSage[91] 是 GraphSAGE 在大型图上的扩展版本。它使用基于重要性的采样方法。由于采样方差增加，因此简单随机采样的效果并不是最好的。PinSage 将基于重要性确定的 u 的 T 个相邻节点定义为对其影响最大的节点。该方法模拟了以目标节点为起始点的随机游走，计算节点的 L_1 归一化访问次数。然后，选择相对于 u 具有最高归一化访问次数的前 T 个节点作为节点 u 的邻域。图 10-1 展示了邻域采样示例。

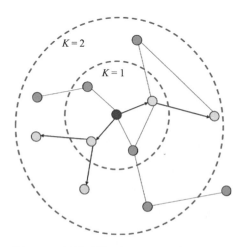

图 10-1　邻域采样示例，K 表示邻域的跳数

和逐节点采样相反,逐层采样只需要执行一次。FastGCN[92] 通过将图卷积解释为概率测度下嵌入函数的积分变换,进一步改进了采样算法。FastGCN 不会为每个节点都进行邻域采样,而会直接为每一层采样感受野,以减少方差。FastGCN 还包含重要性采样,其中重要性因子的计算公式如下:

$$q(v) \propto \frac{1}{|N_v|} \sum_{u \in N_v} \frac{1}{|N_u|} \tag{10.1}$$

其中,N_v 是节点 v 的邻域。采样分布对模型的各层都是一样的。

由于 FastGCN 对于每一层的采样都是相互独立的,因此两个连续的层之间采样得到的节点并没有保证能够互相连接。正因为如此,这样采样得到的邻接矩阵往往是稀疏的,甚至有些节点是孤立的,这影响了算法的效率和准确度。为了解决稀疏连接的问题,LADIES[①] 提出了邻域依赖的采样方法。该方法能够得到较为稠密的邻接矩阵,从而在效率和效果上有所提升。

与上述固定采样方法相反,Wenbing Huang 等人 [93] 于 2018 年引入了参数化且可训练的采样器,以执行逐层采样。他们尝试学习每个节点的自相关函数 $g(x(u_j))$,以根据节点特征 $x(u_j)$ 确定其对采样的重要性。采样分布定义为:

$$q*(u_j) = \frac{\sum_{i=1}^{n} p(u_j \mid v_i) \mid g(x(u_j)) \mid}{\sum_{j=1}^{N} \sum_{i=1}^{n} p(u_j \mid v_i) \mid g(x(v_j)) \mid} \tag{10.2}$$

---

① 详见 "Layer-dependent Importance Sampling for Training Deep and Large Graph Convolutional Networks"。

此外，该自适应采样器可以实现具有最高重要性的采样并减少方差。

除了逐节点采样和逐层采样，还有一种与它们不同的采样方法：子图采样。子图采样直接在图上采样子图并把图上的信息聚合限制在采样得到的子图中。这里简单介绍两种子图采样方法：Cluster-GCN[①] 通过图聚类算法采样子图，GraphSAINT[②] 直接采样节点和边，并用它们生成一个子图。

10.2 层级池化

在计算机视觉领域，卷积层的后面通常放置池化层，以获取更一般的特征。类似地，在图学习领域，很多工作侧重于设计图神经网络的池化层。复杂的大型图通常带有丰富的层次结构，池化层的合理设计与选择对于节点级和图级的分类任务非常重要。

早期的方法大多基于**图粗化**（graph coarsening）算法。这些方法通常使用谱聚类来进行池化操作，但是因为其中的特征分解过程，这些方法的效率较低。因为 Graclus[③] 提供了一种较快的节点聚类方式，所以 Graclus 算法被用来做池化模块。例如，ChebNet 和 MoNet 都使用了 Graclus 算法来合并节点对，从而得到图级别的表示。

为了探索图中的内部特征，ECC 方法 [96] 设计了具有递归降采样操作的池化模块。该方法借鉴了 Shuman 等人的方法，通过拉普拉斯矩阵

---

① 详见 "Cluster-GCN: An Efficient Algorithm for Training Deep and Large Graph Convolutional Networks"。

② 详见 "GraphSAINT: Graph Sampling Based Inductive Learning Method"。

③ 详见 "Weighted Graph Cuts without Eigenvectors a Multilevel Approach"。

中最大特征值的符号将图分为两部分进行选择，每一次迭代能够筛选接近一半的节点。

DiffPool[97] 通过训练每一层的分配矩阵，引入了一个可学习的层次聚类模块：

$$S^t = \text{softmax}(\text{GNN}^l_{\text{pool}}(A^t, X^t))$$
$$A^{t+1} = (S^t)^T A^t S^t \tag{10.3}$$

其中，X^t 是节点特征矩阵，A^t 则是第 t 层的粗化邻接矩阵。S^t 表示第 t 层的节点能被分配到第 $t+1$ 层中粗化节点的概率。通过可学习的 S^t 矩阵，DiffPool 实现了层级池化的效果。

gPool[①] 使用一个映射向量为每一个节点学习一个映射分数，并选择具有前 k 高分数的节点。与 DiffPool 相比，gPool 在每一层使用一个参数向量代替 DiffPool 中的参数矩阵，这样做大大减少了模型参数。然而 gPool 的映射过程没有考虑到图的结构信息。

EigenPool[②] 随后被提出，它能够同时利用节点特征和局部结构。该算法使用局部的图傅里叶变换来提取子图的信息，因为需要依赖于图的特征分解，所以该算法的性能受到了一定的影响。SAGPool[③] 同样希望同时利用特征和拓扑结构来学习图的表示。它采用了基于自注意力的方法并且避免了特征分解，从而具有较好的时间复杂度和空间复杂度。

---

① 详见"Graph U-Nets"。
② 详见"Graph Convolutional Networks with EigenPooling"。
③ 详见"Self-Attention Graph Pooling"。

10.3 数据增广

在于 2018 年发表的论文中，Qimai Li 等人 [98] 重点关注 GCN 的局限性，比如 GCN 需要许多附加的已标记数据来进行验证，以及受到卷积核局部性质的约束。为了突破这些限制，Qimai Li 等人提出了**联合训练 GCN** 和**自训练 GCN** 来扩大训练数据集。联合训练方法将 GCN 与随机游走模型进行联合训练。由于能够建模图的全局特征，因此随机游走模型能够与 GCN 模型的能力进行互补。该方法首先使用随机游走算法为一个有标注的节点找到距离其最近的节点（访问概率最大），之后将这些节点与相应的标签加入训练集中，通过进行数据增广来训练 GCN 模型。具体地说，Qimai Li 等人使用了 ParWalks[①] 这样一种随机游走算法。

自训练方法使用 GCN 模型自身来进行数据增广。该方法首先使用一个 GCN 模型在现有标注数据上进行训练，之后每一个类选择模型预测置信度最高的几个点作为新的样本加入训练集。该方法会在增广后的数据集上继续训练 GCN 模型。

除了这两个单独的策略，Qimai Li 等人还将两个策略进行结合，在 Cora 数据集和 Citeseer 数据集上均取得了超越单一策略的结果。

10.4 无监督训练

GNN 通常用于解决监督学习问题或半监督学习问题。近期，有一种趋势是将**自编码器**（auto-encoder，AE）扩展到图领域。**图自编码器**

---

① 详见 "Learning with Partially Absorbing Random Walks"。

（graph auto-encoder，GAE）旨在通过无监督的训练方式将节点表示为低维向量。

GAE[99] 首先使用 GCN 对图中的节点进行编码，然后使用一个简单的解码器来重构邻接矩阵，并根据原始邻接矩阵与重构矩阵之间的相似性来计算损失值（σ 是非线性激活函数）：

$$Z = \text{GCN}(X, A)$$
$$\tilde{A} = \sigma(ZZ^{\mathrm{T}}) \tag{10.4}$$

Thomas Kipf 和 Max Welling[99] 还以变分方式训练 GAE 模型，该模型被称为**变分图自编码器**（variational graph auto-encoder，VGAE）。此外，Rianne van den Berg 等人 [100] 将 GAE 应用于推荐系统，并提出了图卷积矩阵完成模型 GC-MC，该模型在 MovieLens 数据集上的表现优于其他基线模型。

对抗正则化图自编码器（adversarially regularized graph auto-encoder，ARGA）[101] 使用**生成对抗网络**（generative adversarial network，GAN）来正则化基于 GCN 的图自编码器，从而学习到更加稳健的节点表示。

Deep Graph Infomax（DGI）[102] 旨在最大化局部 – 全局互信息，以学习表示。在图卷积函数 $\mathcal{F}$ 之后，局部信息来自每个节点的隐状态。图的全局信息 $\tilde{s}$ 由读出函数 $\mathcal{R}$ 计算。该函数聚合所有节点表示，在原始论文中被设置为平均函数。该论文通过打乱节点顺序来获得负样本（通过破坏函数 $\mathcal{C}$ 将节点特征从 X 更改为 $\tilde{X}$）。然后，使用鉴别器 $\mathcal{D}$ 对正样本和负样本进行分类。图 10-2 展示了 DGI 的架构。

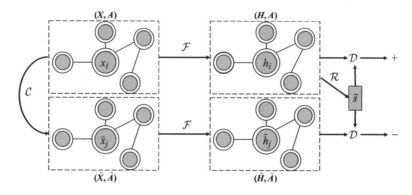

图 10-2　DGI 架构示意图

　　还有几种图自编码器，例如 NetRA[103]、DNGR[104]、SDNE[105] 和 DRNE[106]。但是，它们在框架中都没有使用 GNN。

第11章

通用框架

除了图神经网络的不同变体，人们还提出了一些通用框架，旨在将不同的模型集成到单一的框架中。2017 年，Justin Gilmer 等人 [26] 提出了消息传递神经网络 MPNN，它是一个统一的框架，可以概括几种 GNN 方法和 GCN 方法。2018 年，Xiaolong Wang 等人 [27] 提出了用于执行计算机视觉任务的非局部神经网络 NLNN。它可以概括几种"自注意力"方法 [59,63,107]。同年，Peter W. Battaglia 等人 [3] 提出了图网络 GN，该网络统一了 MPNN、NLNN 和许多其他变体，例如交互网络 [108,109]、神经物理引擎 [110]、CommNet[111]、structure2vec[7,112]、GGNN[42]、关系网络 [113,114]、Deep Set[115] 和点网络 [116]。

11.1 MPNN

2017 年，Justin Gilmer 等人 [26] 提出了一种在图上进行监督学习的通用框架，称为**消息传递神经网络**（message passing neural network，MPNN）。MPNN 从几种流行的图模型之间的共性出发，形成了统一的框架，这些图模型包括谱方法 [2,44,47] 和非谱方法 [49] 中的图卷积、门控图神经网络[42]、交互网络[108]、分子图卷积[117]、深度张量神经网络[118]等。

该模型包含两个阶段：消息传递阶段和读出阶段。消息传递阶段（传播步骤）运行 T 个时间步，包含两个子函数：消息函数 M_t 和节点更新函数 U_t。使用消息 $\mathbf{m}_v^t$，隐状态 $\mathbf{h}_v^t$ 的更新函数如下：

$$\mathbf{m}_v^{t+1} = \sum_{w \in N_v} M_t(\mathbf{h}_v^t, \mathbf{h}_w^t, \mathbf{e}_{vw})$$
$$\mathbf{h}_v^{t+1} = U_t(\mathbf{h}_v^t, \mathbf{m}_v^{t+1}) \tag{11.1}$$

其中，$\mathbf{e}_{vw}$ 表示从 v 到 w 的边的特征。

读出阶段使用读出函数 R 来计算全图的表示：

$$\hat{\mathbf{y}} = R(\{\mathbf{h}_v^T \mid v \in G\}) \tag{11.2}$$

其中，T 代表总的时间步。消息函数 M_t、节点更新函数 U_t 和读出函数 R 可以有不同的设置。因此，MPNN 框架可以通过不同的函数设置变成不同的模型。这里给出从 MPNN 框架导出 GGNN 模型的例子，你可以在 Gilmer 等人的论文中了解其他模型及其对应的函数设置。

GGNN 模型的函数设置如下：

$$M_t(\mathbf{h}_v^t, \mathbf{h}_w^t, \mathbf{e}_{vw}) = A_{\mathbf{e}_{vw}} \mathbf{h}_w^t$$
$$U_t = \mathrm{GRU}(\mathbf{h}_v^t, \mathbf{m}_v^{t+1})$$
$$R = \sum_{v \in V} \sigma(i(\mathbf{h}_v^T, \mathbf{h}_v^0)) \odot (j(\mathbf{h}_v^T)) \tag{11.3}$$

其中，$A_{\mathbf{e}_{vw}}$ 是每个边类型 $\mathbf{e}$ 的邻接矩阵，GRU 是门控循环单元[36]，函数 R 中的 i 和 j 是神经网络。

11.2 NLNN

2018 年，Xiaolong Wang 等人[27] 提出了**非局部神经网络**（non-local neural network，NLNN），它利用**深度神经网络**（deep neural network，DNN）捕获远程依赖关系。非局部运算是对计算机视觉中的经典非局部均值运算[119] 的一种泛化。非局部运算会针对特定位置计算所有位置的特征的加权总和。位置集合既可以来自时间维度，也可以来自空间维度。图 11-1 是用于视频分类任务的 NLNN 示例。

图 11-1   用于视频分类任务的时空非局部运算。x_i 的响应被计算为所有位置 x_j 的加权总和，本图仅显示权重最高的位置

NLNN 可以看作对多种"自注意力"方法的统一[59,63,107]。接下来首先介绍非局部运算的一般定义，然后介绍一些特定的实例。

根据非局部均值运算[119]，泛化的非局部运算的一般定义如下：

$$\mathbf{h}'_i = \frac{1}{\mathcal{C}(\mathbf{h})} \sum_{\forall j} f(\mathbf{h}_i, \mathbf{h}_j) g(\mathbf{h}_j) \tag{11.4}$$

其中，i 是目标位置，j 的选择应枚举所有可能的位置。$f(\mathbf{h}_i, \mathbf{h}_j)$ 用于计算位置 i 和 j 之间的"注意力"。$g(\mathbf{h}_j)$ 表示输入 $\mathbf{h}_j$ 的变换，因子 $\frac{1}{\mathcal{C}(\mathbf{h})}$ 用于将结果归一化。

根据 f 和 g 的不同设置能够泛化出多种模型实例。为简单起见，

Xiaolong Wang 等人使用线性变换作为函数 g。这意味着 $g(\mathbf{h}_j) = \mathbf{W}_g \mathbf{h}_j$，其中 $\mathbf{W}_g$ 是通过学习得到的权重矩阵。以下列出函数 f 的选择。

高斯函数

根据非局部均值运算[119] 和双边滤波器[120]，高斯函数是很自然的选择：

$$f(\mathbf{h}_i, \mathbf{h}_j) = e^{\mathbf{h}_i^{\mathsf{T}} \mathbf{h}_j} \tag{11.5}$$

其中，$\mathbf{h}_i^{\mathsf{T}} \mathbf{h}_j$ 是点积相似度，且有 $\mathcal{C}(\mathbf{h}) = \sum_{\forall j} f(\mathbf{h}_i, \mathbf{h}_j)$。

嵌入高斯函数

将高斯函数推广到计算嵌入空间中的相似度很简单：

$$f(\mathbf{h}_i, \mathbf{h}_j) = e^{\theta(\mathbf{h}_i)^{\mathsf{T}} \phi(\mathbf{h}_j)} \tag{11.6}$$

其中，$\theta(\mathbf{h}_i) = W_\theta \mathbf{h}_i$，$\phi(\mathbf{h}_j) = W_\phi \mathbf{h}_j$，且 $\mathcal{C}(\mathbf{h}) = \sum_{\forall j} f(\mathbf{h}_i, \mathbf{h}_j)$。

可以看到，由 Ashish Vaswani 等人[59] 于 2017 年提出的自注意力是嵌入高斯函数的一个特例。对于给定的 i，$\dfrac{1}{\mathcal{C}(\mathbf{h})} f(\mathbf{h}_i, \mathbf{h}_j)$ 变为在维度 j 上的 softmax 计算。于是，$\mathbf{h}' = \text{softmax}(\mathbf{h}^{\mathsf{T}} W_\theta^{\mathsf{T}} W_\phi \mathbf{h}) g(\mathbf{h})$，这与 Vaswani 等人在论文中给出的自注意力形式一致。

点积函数

函数 f 也可以使用点积相似度来实现：

$$f(\mathbf{h}_i, \mathbf{h}_j) = \theta(\mathbf{h}_i)^{\mathsf{T}} \phi(\mathbf{h}_j) \tag{11.7}$$

其中，$\mathcal{C}(\mathbf{h}) = N$，$N$ 表示 $\mathbf{h}$ 中的位置个数。

拼接函数

该实现具体为：

$$f(\mathbf{h}_i, \mathbf{h}_j) = \text{ReLU}(\mathbf{w}_f^{\mathrm{T}}[\theta(\mathbf{h}_i) \| \phi(\mathbf{h}_j)]) \tag{11.8}$$

其中，$\mathbf{w}_f$ 是将向量投影到标量的权重向量，有 $\mathcal{C}(\mathbf{h}) = N$。

2018 年，Xiaolong Wang 等人 [27] 利用上述非局部运算，进一步提出了非局部块：

$$\mathbf{z}_i = \boldsymbol{W}_z \mathbf{h}_i' + \mathbf{h}_i \tag{11.9}$$

其中，$\mathbf{h}_i'$ 由公式 (11.4) 给出，$+\mathbf{h}_i$ 表示残差连接 [65]。因此，可以将非局部块插入任何预训练模型中，这使得该块更加通用。Xiaolong Wang 等人针对视频分类、目标检测和分割以及姿态估计等任务进行了实验。在这些任务中，仅添加非局部块即可显著地提升性能。

11.3　GN

2018 年，Peter W. Battaglia 等人 [3] 提出了 GN 框架，该框架囊括并扩展了各种图神经网络，以及 MPNN 方法和 NLNN 方法 [26,27,40]。我们首先介绍 Battaglia 等人在论文中定义的图，然后描述 GN 块及其计算步骤（GN 块是 GN 核心计算单元），最后介绍其基本设计原则。

图的定义

Battaglia 等人在论文中将图定义为 3 元组 $G = (\mathbf{u}, H, E)$，此处使用

H 代替 V 来保持符号的一致性。$\mathbf{u}$ 是全局属性，$H = \{\mathbf{h}_i\}_{i=1:N^v}$ 是节点集合（维数为 N^v），其中每个 $\mathbf{h}_i$ 表示节点的特征。$E = \{(\mathbf{e}_k, r_k, s_k)\}_{k=1:N^e}$ 是边集合（维数为 N^e），其中每个 $\mathbf{e}_k$ 表示边的特征，r_k 表示边的接收节点，s_k 则表示边的发送节点。

GN块

GN 块包含 3 个更新函数 ϕ，以及 3 个聚合函数 ρ：

$$
\begin{aligned}
\mathbf{e}'_k &= \phi^e(\mathbf{e}_k, \mathbf{h}_{r_k}, \mathbf{h}_{s_k}, \mathbf{u}) & \overline{\mathbf{e}}'_i &= \rho^{e \to h}(E'_i) \\
\mathbf{h}'_i &= \phi^h(\overline{\mathbf{e}}'_i, \mathbf{h}_i, \mathbf{u}) & \overline{\mathbf{e}}' &= \rho^{e \to u}(E') \\
\mathbf{u}' &= \phi^u(\overline{\mathbf{e}}', \overline{\mathbf{h}}', \mathbf{u}) & \overline{\mathbf{h}}' &= \rho^{h \to u}(H')
\end{aligned}
\tag{11.10}
$$

其中，$E'_i = \{(\mathbf{e}'_k, r_k, s_k)\}_{r_k = i, k=1:N^e}$，$H' = \{\mathbf{h}'_i\}_{i=1:N^v}$，且 $E' = \bigcup_i E'_i = \{(\mathbf{e}'_k, r_k, s_k)\}_{k=1:N^e}$。

ρ 函数的结果应当与输入的顺序无关，并且应当能够接受可变数量的参数。

计算步骤

GN 块的计算步骤如下。

(1) 在每条边上计算 ϕ^e。节点 i 计算得到的结果集合被记为 $E'_i = \{(\mathbf{e}'_k, r_k, s_k)\}_{r_k = i, k=1:N^e}$，边的输出集合为 $E' = \bigcup_i E'_i = \{(\mathbf{e}''_k, r_k, s_k)\}_{k=1:N^e}$。

(2) $\rho^{e \to h}$ 使用 E'_i 来聚合节点 i 对应的边，获得结果 $\overline{\mathbf{e}}'_i$。

(3) 使用 ϕ^h 来计算更新后的节点 i 的表示 h'_i，全部节点的表示集合记为 $H' = \{\mathbf{h}'_i\}_{i=1:N^v}$。

(4) $\rho^{e \to u}$ 使用 E' 来聚合所有的边特征到 $\bar{e}'$，这一结果将进一步在计算全局特征时用到。

(5) $\rho^{h \to u}$ 使用 H' 来聚合所有的节点特征到 $\bar{h}'$，这一结果将进一步在更新全局特征时用到。

(6) ϕ^u 用于计算全局属性 u' 的更新值，这一步会用到 $\bar{e}'$、$\bar{h}'$ 和 u 中的信息。

请注意，上述步骤的顺序并无严格要求。举例来说，可以从全局更新开始，到每个节点的更新，再到每条边的更新。ϕ 函数和 ρ 函数不一定是神经网络，不过本书仅关注神经网络的实现。

设计原则

GN 的设计基于 3 个基本原则：灵活的表示、可配置的块内结构，以及可组合的多块架构。

- **灵活的表示**。GN 框架支持属性的灵活表示以及不同的图结构。全局属性、节点属性和边属性可以使用不同类型的表示，研究人员通常使用实值向量和张量。可以根据任务的特定需求简单地定制 GN 块的输出。例如，Battaglia 等人在论文中列出了几个 GN 模型，分别侧重于边[121,122]、节点[4,108,110,123] 和图[26,108,114]。就图结构而言，该框架既可以应用于结构化场景，也可以应用于应该推断或假定关系结构的非结构化场景。

- **可配置的块内结构**。GN 块中的函数及其输入可以有不同的设置，以便 GN 框架在块内结构配置中提供灵活性。例如，Jessica B. Hamrick 等人[121] 和 Alvaro Sanchez-Gonzalez 等人[4] 的模型使用完整的 GN 块。他们的 ϕ 函数实现使用神经网络，ρ 函数则使用元素求和。基于不同的结构和函数设置，GN 框架可以表示各种模型，例如 MPNN、NLNN 和其他变体。图 11-2a 给出了完整 GN 块的图示，其他模型可以视为 GN 块的特殊变体。例如，MPNN 使用节点和边的特征作为输入，并输出图级别和节点级别的表示。MPNN 模型不使用图级别的输入特征，并且省略了边嵌入的学习过程。

❑ **可组合的多块架构。** GN 块可以组成复杂的架构。任意数量的 GN 块可以组成序列，它们的参数可以选择共享或者不共享。Battaglia 等人利用 GN 块来构建编码 – 处理 – 解码架构和基于 GN 的循环架构，如图 11-3 所示。对于构建 GN 架构来说，其他技术也可能有用，例如跳跃连接、LSTM 门控模式或 GRU 门控模式等。

总之，GN 是通用且灵活的框架，可用于针对图结构进行深度学习。它可以用于各种任务，涉及物理系统、交通网络等。但是，GN 仍然有其局限性。举例来说，它无法解决某些类型的问题，如区分某些图是否同构。

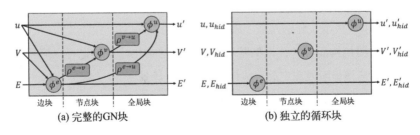

图 11-2　不同的 GN 块内部设置对应的模型

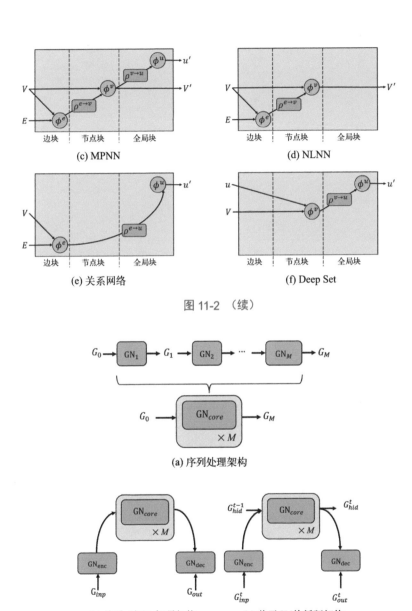

图 11-2 （续）

(a) 序列处理架构

(b) 编码–处理–解码架构　　(c) 基于GN的循环架构

图 11-3　由 GN 块组成的不同架构

第12章

结构化场景应用

本章将介绍 GNN 在结构化场景中的应用。在这些场景中，数据天然的组织结构是图结构。举例来说，GNN 被广泛用于社交网络预测[1,2]、交通流量预测[66]、推荐系统[91,100]和传统图表示学习[97]。具体地说，我们将讨论如何使用对象－关系图对现实世界中的物理系统建模，如何预测分子的化学特性和蛋白质的生物相互作用特性，以及如何处理知识图谱建模过程中训练时没有见过的实体。

12.1 物理学

对现实世界中的物理系统进行建模是了解人类智能的最基本的一个方面。通过将对象表示为节点，将关系表示为边，我们可以基于 GNN 用一种简单而有效的方式对对象、关系和物理进行推理，如图 12-1 所示。

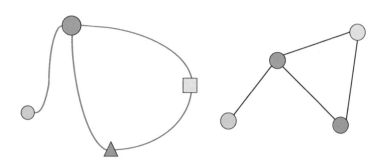

图 12-1 物理系统及其对应的图表示。不同颜色的节点代表不同的对象，边代表对象之间的交互作用

2016 年，Peter W. Battaglia 等人 [108] 提出用**交互网络**（interaction network）来对各种物理系统进行预测和推断。在当前状态下，将对象和关系输入到 GNN 中，以对其相互作用进行建模，然后采用物理动力学来预测未来状态。Battaglia 等人分别对以关系为中心和以对象为中心的模型进行建模，从而更容易在不同的系统之间泛化。

CommNet[111] 没有对交互进行显式建模，而是通过对所有其他智能体的隐向量计算平均值来获得交互向量。

VAIN[107] 进一步将注意力方法引入到智能体交互过程中，该方法既保留了复杂度的优势，又确保了计算上的高效率。

视觉交互网络 [109]（visual interaction network）可以根据像素做出预测。它从每个对象的两个连续输入帧中学习状态代码。然后，在使用交互网络块添加交互作用之后，状态解码器将状态代码转换为下一步的状态。

2018 年，Alvaro Sanchez-Gonzalez 等人 [4] 提出了一种基于 GN 的模型，该模型可以执行状态预测或归纳推理。推理模型将观察到的部分信息作为输入，并为隐式系统分类构建隐图。同年，Thomas Kipf 等人 [122]

也根据对象轨迹构建了图，并采用编码器－解码器架构进行了神经关系推理。具体而言，编码器通过 GNN 返回交互图 $\mathcal{Z}$ 的因式分布，同时解码器生成以编码器的**潜码**（latent code）和轨迹的先前时间步为条件的轨迹预测。

在有限元方法[124]的启发下，图元网络[125]将节点置于连续空间中，用于求解偏微分方程。每个节点代表系统的局部状态，模型在节点之间建立连通图，GNN 则传播状态信息以模拟动态系统。

12.2　化学和生物学

分子和蛋白质是可以用图来表示的结构化实体。如图 12-2 所示，原子或残基为节点，化学键或链为边。通过基于 GNN 的表示学习，学习到的向量可以帮助进行药物设计、化学反应预测和相互作用预测。

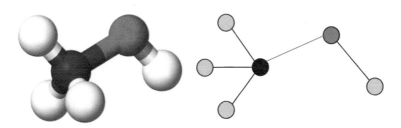

图 12-2　单个 CH₃OH 分子及其图表示，节点为原子，边为化学键

12.2.1　分子指纹

分子指纹是代表分子的特征向量，在计算机辅助药物设计中发挥关键作用。传统的分子指纹学习依靠人工编写的启发式方法。GNN 提供

了更多灵活的方法来获得更好的分子指纹。2015 年，David Duvenaud
等人[49] 提出了**神经图指纹**（neural graph fingerprint），通过 GCN 计算子
结构特征向量并求和，以得到分子的整体表示。其聚合函数为：

$$\mathbf{h}^t_{N_v} = \sum_{u \in N_v} \mathrm{CONCAT}(\mathbf{h}^t_u, \mathbf{e}_{uv}) \tag{12.1}$$

其中，$\mathbf{e}_{uv}$ 代表边 (u, v) 的特征。该模型的节点更新函数为：

$$\mathbf{h}^{t+1}_v = \sigma(W^{\mathrm{deg}(v)}_t \mathbf{h}^t_{N_v}) \tag{12.2}$$

其中，$\mathrm{deg}(v)$ 为节点 v 的度，W^N_t 为每个时间步 t 学习到的节点度为 N
的矩阵。

2016 年，Steven M. Kearnes 等人[117] 进一步显式地分别对原子和原
子对建模，以强调原子间的相互作用。他们引入了边的表示 $\mathbf{e}^t_{uv}$ 代替聚
合函数，即 $\mathbf{h}^t_{N_v} = \sum_{u \in N_v} \mathbf{e}^t_{uv}$。该模型的节点更新函数为：

$$\mathbf{h}^{t+1}_v = \mathrm{ReLU}(W_1(\mathrm{ReLU}(W_0 \mathbf{h}^t_u), \mathbf{h}^t_{N_v})) \tag{12.3}$$

边的更新函数为：

$$\mathbf{e}^{t+1}_{uv} = \mathrm{ReLU}(W_4(\mathrm{ReLU}(W_2 \mathbf{e}^t_{uv}), \mathrm{ReLU}(W_3(\mathbf{h}^t_v, \mathbf{h}^t_u)))) \tag{12.4}$$

除原子分子图外，一些研究[126,127] 将分子表示为**连接树**（junction
tree）。连接树是通过将相应分子图中的某些节点收缩到单个节点生成
的。连接树中的节点是分子的子结构，例如环和键。2018 年，Wengong
Jin 等人[126] 利用**变分自编码器**（variational auto-encoder，VAE）生成了
分子图。他们的模型遵循两步过程：首先生成化学子结构上的连接树，
然后用一个图消息传递网络将它们组合成分子。Jin 等人在 2019 年发表

的论文则专注于分子优化。此任务旨在将一个分子映射到一个保留更好特性的分子图。他们提出的 VJTNN 模型使用图注意力来解码连接树，并结合 GAN 进行对抗训练，以避免无效的图转换。

为了更好地解释分子中每个子结构的功能，Guang-He Lee 等人[128]在 2019 年提出了一种博弈论方法来展示结构化数据的透明度。该模型被设置为预测者（predictor）和见证者（witness）之间的两人合作游戏。预测者的目标是将差异最小化，见证者的目标则是测试预测者的透明度。

12.2.2 化学反应预测

预测化学反应的产物是有机化学中的一个基本问题。Kien Do 等人[129]将化学反应视为图转换过程，并设计了 GTPN 模型。GTPN 使用 GNN 来学习反应物和试剂分子的表示向量，然后利用强化学习以键变化的形式预测反应物转化为产物的最佳反应路径。2019 年，John Bradshaw 等人[130]提出了另一种观点：化学反应可以描述为分子中电子的逐步重新分布。他们的模型试图通过学习电子的运动路径分布来预测电子路径。他们用四层 GGNN 表示节点和图嵌入，然后优化分解路径生成概率。

12.2.3 药物推荐

研究人员和医生正在广泛探索如何使用深度学习算法来推荐药物。传统方法可以分为基于实例的方法和基于纵向电子健康档案（EHR）的药物推荐方法。

为了同时利用这两者，Junyuan Shang 等人[131] 在 2019 年提出了 GAMENet，该网络同时使用纵向 EHR 数据和基于药物 – 药物相互作用（DDI）的药物知识作为输入。GAMENet 同时嵌入 EHR 图和 DDI 图，然后将它们输入**记忆库**（Memory Bank）以获得最终输出。

为了进一步利用层级知识进行药物推荐，Shang 等人[132] 结合 GNN 和 BERT 的功能来学习药物代码表示。他们首先使用 GNN 对药物的内部层次结构进行编码，然后将嵌入的数据输入经过预训练的 EHR 编码器和用于下游预测任务的微调过的分类器。

12.2.4　蛋白质和分子交互预测

Alex Fout 等人[5] 在于 2017 年发表的论文中专注于名为**蛋白质作用位点预测**（protein interface prediction）的任务，这一任务预测蛋白质之间的相互作用以及作用位点，具有较大的难度。他们所提出的基于 GCN 的方法分别学习配体和受体蛋白残基的表示，并将它们合并进行成对分类。2019 年，Nuo Xu 等人[133] 引入了 MR-GNN，它利用多分辨率模型来捕获多尺度节点特征。该模型还利用两个 LSTM 网络来逐步捕获两个图之间的交互。

GNN 也可以用于生物医学工程。2018 年，Sungmin Rhee 等人[134] 利用蛋白质 – 蛋白质相互作用网络，基于图卷积和关系网络进行了乳腺癌亚型分类。同年，Marinka Zitnik 等人[135] 提出了基于 GCN 的多元药方副作用预测模型。他们为药物和蛋白质相互作用网络建模，并分别处理不同类型的边。

12.3 知识图谱

知识图谱将知识库表示为有向图，其节点表示实体，边表示实体之间的关系，如图 12-3 所示。关系以三元组的形式存在，记为 (h, r, t)，其中 3 个字母分别表示头、关系、尾。知识图谱广泛用于推荐、Web 搜索和问题解答。

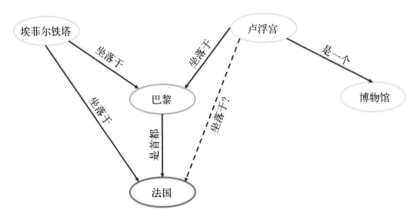

图 12-3 知识库片段。节点表示实体，边表示实体之间的关系，虚线表示有待推断的缺失信息

12.3.1 知识图谱补全

为了将知识图谱有效地编码到低维连续向量空间中，GNN 已成为一种广泛使用的有效工具，用于加入知识图谱的拓扑结构信息。链接预测和实体分类是**知识图谱补全**（knowledge graph completion，KGC）的两个主要任务。

Michael Sejr Schlichtkrull 等人 [43] 提出的 R-GCN 是第一个基于 GNN 建模关系数据的框架，它使用参数共享来确保满足稀疏性约束。Schlichtkrull 等人还证明，将传统的因式分解模型（如 DistMult[136]）与 GCN 结构（解码器）相结合，可以在标准链接预测基准数据集上获得更好的性能。

2019 年，Chao Shang 等人 [137] 结合 GNN 和 ConvE[138] 的优点，引入了一种新颖的端到端结构感知卷积网络（structure-aware convolutional network，SACN）。SACN 由基于 GCN 的编码器和基于 CNN 的解码器组成。编码器使用堆叠的 GCN 层来学习实体和关系的嵌入表示，解码器则将嵌入表示输入多通道 CNN 中，以进行向量化和投影，输出向量通过内积与所有候选对象匹配。

2019 年，Deepak Nathani 等人 [139] 将 GAT 用作编码器，以捕获实体在各种关系中所扮演角色的多样性。此外，为了减少消息传播过程中贡献降低的问题，Nathani 等人在多跳邻域之间引入了辅助边，这使得知识可以在实体之间直接流动。

12.3.2　归纳式知识图谱嵌入

归纳式知识图谱嵌入旨在针对知识库外的实体（out-of-knowledge-base entity，OOKB 实体）提供查询结果，这些实体是在训练时未观察到的测试实体。

2017 年，Takuo Hamaguchi 等人 [6] 利用 GNN 尝试解决知识库补全问题中的 OOKB 实体问题。由于 OOKB 实体与现有实体直接相连，因此这些实体的嵌入表示可以从现有实体中汇总得到。该方法在标准的知识库补全设置和 OOKB 设置中均取得了令人满意的表现。

对于更精细的聚合过程，Peifeng Wang 等人[140] 设计了一个注意力聚合器来学习 OOKB 实体的嵌入表示。注意力权重包括两个部分：用于度量相邻关系有用性的统计逻辑规则机制，以及用于度量相邻节点重要性的神经网络机制。

12.3.3 知识图谱对齐

知识图谱针对单一的语言或领域编码丰富的知识，但缺乏跨语言或跨领域的链接来弥补不同语言或不同领域间的差距。知识图谱对齐任务旨在解决这一问题。

2018 年，Zhichun Wang 等人[141] 使用 GCN 解决了跨语言知识图谱对齐问题。该模型将来自不同语言的实体嵌入到统一的嵌入空间中，并根据嵌入相似性对其进行对齐。

为了更好地利用上下文信息，Kun Xu 等人[142] 提出用**主题实体图**（topic entity graph）来表示实体的知识图谱上下文环境。主题实体图由目标实体及其单跳邻域组成。对于对齐任务，Xu 等人使用图匹配网络来匹配两个主题实体图，并通过另一个 GCN 传播局部匹配信息。

Fanjin Zhang 等人[143] 着重于链接两个大规模的异构学术实体图，他们采用 3 个特定的模块来对齐发表地点、论文和作者这 3 类实体。地点链接模块基于 LSTM 处理名称序列。论文链接模块由局部敏感散列和 CNN 组成，以实现有效链接。作者链接模块则使用图注意力网络从链接的地点和论文的子图中学习。

12.4 推荐系统

为了同时考虑内容信息和用户 – 商品交互对推荐的影响，基于用户 – 商品评分图的推荐系统受到越来越多的关注。具体地说，这种方法将用户、商品和属性视为图的节点，并将三者之间的关系和行为视为边，边的值表示交互的结果。以这种方式，推荐问题被转换为针对图的链接预测问题，如图 12-4 所示。由于 GNN 具有强大的表示能力和较高的可解释性，因此基于 GNN 的推荐方法广受欢迎。

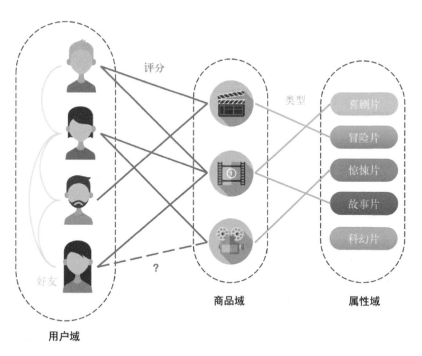

图 12-4 用户、商品和属性为图的节点，它们之间的交互为图的边。这样一来，我们就能将评分预测任务转换为链接预测任务

12.4.1　矩阵补全

可分离的循环多图卷积神经网络（separable Recurrent Multi-Graph CNN，sRMGCNN）由 Federico Monti 等人 [21] 于 2017 年提出，它考虑了多图 CNN 和 RNN 的组合。使用用户 – 商品图的行和列编码的相似性信息，多图 CNN 可以从评分矩阵中提取局部特征。然后，将这些局部特征馈入 RNN，由 RNN 传播评分值并重建评分矩阵。sRMGCNN 继承了传统的图卷积方法。它通过图傅里叶变换将图转换到谱域（spectral domain），以确保正确性和收敛性。此外，sRMGCNN 采用矩阵分解模型，通过将评分矩阵分解为两个低阶矩阵来提高效率。

与谱卷积方法不同，GCMC[100] 基于空间 GNN，该 GNN 直接在空间域中聚合和更新。GCMC 可以解释为编码器 – 解码器模型，该模型通过图编码器获取用户节点和商品节点的嵌入信息，并通过解码器获取预测分数。

在 Web 规模的场景中，为了预测物品与集合之间的"实例"关系，PinSage[91] 给出了一种采用多种有用技术的高效模型。PinSage 的整体结构与 GraphSAGE[1] 相同，它也使用了一种采样策略来动态构建计算图。不过，GraphSAGE 使用的是随机采样，当存在大量相邻节点时，这一采样策略并不是最好的。PinSage 利用随机游走来生成样本。该技术从目标节点开始进行短暂的随机游走，并为访问的节点分配权重。另外，为了进一步提高图神经网络的计算效率，PinSage 设计了一条计算流水线，以减少重复计算。这种流水线方法使用评分图的二部图特征来交替更新项的表示向量和集合的表示向量。每次更新仅需要使用一半的节点表示。

12.4.2 社交推荐

与传统推荐设置不同，社交推荐使用来自用户社交网络的有用信息来增强性能。在网上购物时，人们很容易受到他人的影响，尤其是来自朋友的影响。因此，推荐系统对用户的社交影响力和社交相关性进行建模非常重要。已经有了一些使用 GNN 捕获社交信息的工作成果。

2019 年，Le Wu 等人 [144] 设计了神经扩散模型，以模拟递归的社交扩散过程如何影响用户。用户嵌入通过 GNN 在社交网络中传播，并与池化的商品嵌入组合作为输出。

为了一致地建模社交网络和用户 – 商品交互图，Wenqi Fan 等人 [145] 在 2019 年提出了 GraphRec。在这种方法中，用户嵌入来自社交邻域和商品邻域。此外，GraphRec 还采用注意力机制作为聚合器，为每个节点分配不同的权重。

Qitian Wu 等人 [146] 认为，不应将社会效应建模为静态的效应，他们建议在推荐场景中检测 4 种社会效应，包括用户 – 商品同质性和影响力。这两种效应共同影响用户的喜好和商品属性。在论文中，Wu 等人 [146] 还进一步利用 4 个 GAT 模型来独立建模 4 种社会效应。

第13章

非结构化场景应用

本章将讨论 GNN 在非结构化场景中的应用，例如图像、文本、程序源代码[42,147] 和多智能体系统[107,111,122]。受篇幅限制，我们仅对前两种情况进行详细介绍。

粗略地讲，有两种方法可以将 GNN 应用于非结构化场景：

□ 结合其他领域的结构信息以提高性能，例如使用知识图谱中的信息来缓解图像任务中的零样本问题；

□ 首先推断或假设场景中的关系结构，然后应用 GNN 模型来解决在图上定义的问题，例如 Yue Zhang 等人[58] 在论文中描述的将文本建模为图的方法。

13.1　图像领域

13.1.1　图像分类

图像分类是计算机视觉领域中非常基础和重要的任务，它引起了广泛的关注，并拥有许多著名的数据集，如 ImageNet[148]。图像分类任务的最新进展得益于大数据和 GPU 强大的计算能力，这使得人们能够不用手动从数据中提取信息，从而训练相应的分类器。但是，**零样本学习**（zero-shot learning）和**少样本学习**（few-shot learning）在图像分类领域正变得越来越流行，这是因为大多数模型可以通过利用充分的数据获得相似的性能。许多研究人员已经利用 GNN 将结构化信息纳入图像分类任务中。

知识图谱可以用作指导零样本识别分类的额外信息 [73,149]。Xiaolong Wang 等人 [149] 构建了一个知识图谱，其中每个节点对应于一个对象类别，并以节点词的嵌入作为输入来预测类别。由于深层卷积架构中的过度平滑效应，Wang 等人使用的六层 GCN 将丢失表示中的许多有用信息。为了解决 GCN 传播中的平滑问题，Michael Kampffmeyer 等人 [73] 提出使用具有较大邻域的单层 GCN，该邻域在图中同时包含一跳节点和多跳节点。事实证明，用这种方式构造的零样本分类器比现有模型更高效。图 13-1 展示了 Kampffmeyer 和 Wang 等人提出的传播步骤示例。

由于知识图谱都较大而不适用于直接使用，因此 Kenneth Marino 等人 [151] 基于目标检测结果从知识图谱中选了一些检测到的实体来抽取子图并在子图上进行一定的扩充。他们提出了图搜索神经网络 GSNN（Graph Search Neural Network）并将其应用于抽取的图以进行预测。虽然没有应用在少样本学习设定中，但其尝试引入知识图谱来解决长尾类别的预测问题。

此外，Chung-Wei Lee 等人 [152] 为分类类别（标签）构建图来解决多标签零样本学习问题。他们为标签定义了 3 种关系——超从属、正相关和负相关。超从属关系也被称为上下位关系，可以直接从外部知识库 WordNet 中得到，正相关关系和负相关关系通过 WUP 相似度 ① 得到。对于一个分类样本，模型首先得到该样本对于所有标签（包括有样本和没有样本的标签）的置信向量，之后将向量在图中传播，最后得到将该样本分类为每个标签的置信度。

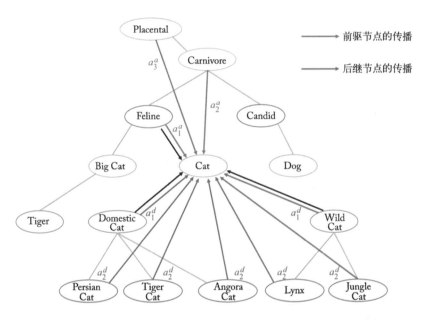

图 13-1　黑线表示前述方法中的传播步骤，红线和蓝线表示 Kampffmeyer 和 Wang 等人提出的传播步骤，其中节点可以从前驱节点和后继节点聚合信息

除了知识图谱，图像之间的相似性也有助于少样本学习。2018 年，Victor Garcia 和 Joan Bruna[150] 提出基于相似性构建加权的全连接图像网络，并在图中传递消息，以进行少样本识别。

① 详见 "Verb Semantics and Lexical Selection"。

13.1.2 视觉推理

计算机视觉系统往往需要通过结合空间信息和语义信息来推理。因此，人们自然想到为推理任务生成图。

典型的视觉推理任务是视觉问答（visual question answering，VQA）。如图 13-2 所示，Damien Teney 等人[153] 分别构建了图像场景图（实际为全连接图）和问题句法图。他们应用 GGNN 训练嵌入，以预测最终答案。前面构建场景图的方法是固定的，Will Norcliffebrown 等人[154] 提出了一种基于问题的图构建方式。他们提出了一个图学习模块，使用图像中物体的位置和学习到的物体表示以及问题的表示来动态地构建一个场景图。在场景图上使用图卷积来建模物体以及物体间的关系，之后使用一些简单的神经网络模块来给出最后的答案。也有一些工作在视觉推理任务中引入知识图谱。基于知识图谱，Medhini Narasimhan[155] 和 Zhouxia Wang[156] 等人的工作能够进行更加细粒度的关系探索以及执行解释性更强的推理过程。

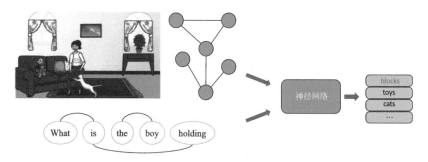

图 13-2　Damien Teney 等人[153] 提出的用于执行视觉问答任务的方法。该方法首先构建图像场景图和问题句法图，然后将其合并输入神经网络中，用于得出答案

视觉推理的其他应用包括目标检测、交互检测和区域分类。在目标检测中[157,158]，一些类似于 attention 的方法被提出，用来提升模型性能，包括学习更好的 RoI 特征[157] 和建模物体间的交互[158]。在交互检测中[83,159]，GNN 被用作人与物之间的消息传递工具。在区域分类中[160]，GNN 针对连接区域和类别的图进行推理。

13.1.3 语义分割

语义分割是理解图像的关键步骤。此处的任务是为图像中的每个像素都分配唯一的标签或类别，这可以被视作稠密分类问题。但是，图像中的区域通常不是网格状的，并且需要非局部信息，这导致传统的 CNN 效果不好。一些研究人员使用图结构数据来处理。

2016 年，Xiaodan Liang 等人[57] 提出了 Graph-LSTM，通过以基于距离的超像素映射形式构建图并应用 LSTM 在全局范围内传播邻域信息来对长期依赖关系和空间连接进行建模。2017 年，Liang 等人[161] 从编码分层信息的角度对之前的工作进行了改进。

此外，由于三维语义分割（又称 RGB-D 语义分割）和点云分类需要利用更多的几何信息，因此很难通过二维 CNN 进行建模。2017 年，Xiaojuan Qi 等人[162] 构建了 k 最近邻图，并使用三维 GNN 作为传播模型。在展开多层进行消息传递后，预测模型将每个节点的隐状态作为输入并预测其语义标签。

由于图中总是有太多的点，因此 Loic Landrieu 和 Martin Simonovsky[163] 通过构建超点图并为其生成嵌入来解决大规模三维点云分割问题。为了对超节点进行分类，Landrieu 和 Simonovsky 使用了基于 ECC 的方法和改进过的 GRU 模块。

2018 年,Yue Wang 等人[164] 提出通过边来对点交互进行建模。他们首先通过输入两端节点的坐标来计算边的表示向量,然后通过聚合边来更新节点嵌入。该方法是对 PointNet 的改进,并进一步提升了点云分割等任务的性能。

13.2 文本领域

GNN 可以应用于多类文本任务。它既可以应用于文本分类等句子级任务,也可以应用于序列标注等单词级任务。接下来介绍 GNN 在文本领域中的几种主要用例。

13.2.1 文本分类

文本分类是自然语言处理领域的一个重要且经典的问题。经典的 GCN 模型[1,2,21,22,45,47] 和 GAT 模型[63] 被用于解决该问题,但是它们仅使用文档之间的结构化信息,并没有使用太多文本信息。

2018 年,Hao Peng 等人[165] 提出了一种基于卷积图神经网络的深度学习模型。该模型首先将文本转换为词图,然后对词图进行卷积运算[50]。

2018 年,Yue Zhang 等人[58] 提出用 S-LSTM 对文本进行编码。整个句子以单个状态表示,该状态包含全局状态和各个单词的子状态。这种方法使用全局的句子级表示来执行分类任务。

上述方法或将文档和句子视为由单词节点组成的图，或依靠文档引用关系来构造图。2019 年，Liang Yao 等人[166] 提出，将文档和单词作为节点构建语料图（因此，该图为异构图），并使用 Text GCN 学习单词和文档的嵌入。

情感分类也可以看作文本分类问题。针对情感分类任务，Kai Sheng Tai 等人[54] 在 2015 年提出了 Tree-LSTM 方法。6.2 节详细阐述了该方法。

13.2.2　序列标注

由于 GNN 中的每个节点都有其隐状态，因此如果将句子中的每个单词都视为一个节点，就可以利用隐状态来解决序列标注问题。2018年，Yue Zhang 等人[58] 提出利用 S-LSTM 标注序列。他们已经进行了有关词性标注和命名实体识别任务的实验，并取得了可观的成果。

语义角色标注是另一项序列标注任务。2017 年，Diego Marcheggiani 和 Ivan Titov[167] 提出用 Syntactic GCN 来解决该问题。Syntactic GCN 处理边有标签的有向图，它是 GCN[2] 的特殊变体。该模型应用了边的门控，使其能够调节每条依赖边的贡献程度。模型首先将文本使用 LSTM 学习表示，之后将学到的表示应用在基于句法依赖树的 Syntactic GCN 上进行进一步编码，学习融合了句法信息的句中单词表示。此外，Marcheggiani 和 Titov 也揭示了 GCN 和 LSTM 在任务上是互补的。图 13-3 展示了 Syntactic GCN 的示例。

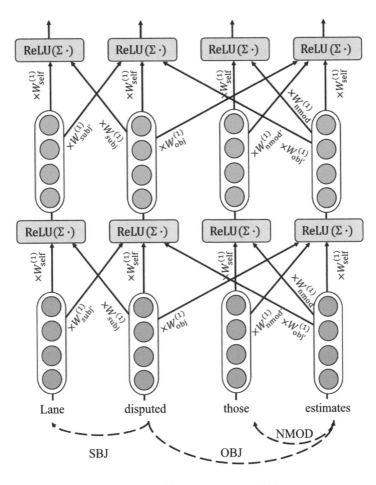

图 13-3　双层 Syntactic GCN 示例

13.2.3　神经机器翻译

神经机器翻译（neural machine translation，NMT）任务通常被认为是序列到序列任务。2017 年，Ashish Vaswani 等人[59]在论文中介绍了注意力机制，并用它替换了最常用的循环层和卷积层。实际上，Transformer 就相当于在语言实体之间具有全连接的图结构。

GNN 的一种流行用途是将句法信息或语义信息纳入 NMT 任务中。Jasmijn Bastings 等人 [168] 在 NMT 任务中引入了句法信息并使用了 Syntactic GCN 进行建模。Diego Marcheggiani 等人 [169] 引入了源句子的谓词（predicate）和元素（argument）信息（也被叫作语义角色表示）并使用 Syntactic GCN 进行建模，还比较了分别和同时将句法信息或语义信息纳入任务中的结果。Daniel Beck 等人 [80] 在语法可感知 NMT 任务中使用 GGNN，通过将边变成新的节点，将句法依存图转换为 Levi 图，从而将边的标签表示为嵌入，以更好地学习引入的句法信息。

13.2.4 信息抽取

信息抽取是自然语言处理中的重要任务。本节探索 GNN 在关系抽取和事件抽取上的相关应用。

在文本中抽取实体之间的语义关系是一项已被充分研究的重要任务。一些系统将此任务视为两个单独任务，分别是实体识别任务和关系抽取任务。2016 年，Makoto Miwa 和 Mohit Bansal[170] 通过使用双向序列和双向树状 LSTM-RNN，提出了一种端到端关系抽取模型。2018 年，Yuhao Zhang 等人 [171] 提出了一种针对关系抽取任务的 GCN 扩展，他们将剪枝策略应用于输入的树。

2019 年，Hao Zhu 等人 [172] 提出了一种 GNN 变体（GP-GNN），该模型使用生成的参数抽取关系。现有的关系抽取方法可以轻松地从文本中提取事实信息，但是无法推断出需要多跳关系推理的关系。GNN 可以在图中处理多跳关系推理，但不能直接应用于文本。因此，Zhu 等人提出用 GP-GNN 来解决文本的关系推理任务。

跨句 N 元关系抽取任务检测多个句子中 n 个实体之间的关系。Nanyun Peng 等人[56] 探索了基于图 LSTM 的跨句 N 元关系抽取通用框架。该框架将输入图分解成两个有向无环图，而此过程可能会丢失一些有用的信息。Linfeng Song 等人[173] 提出了一种保留原始图结构的图状态 LSTM 模型。该模型可以提高并行化程度，从而加快计算速度。

事件抽取是一项重要的信息抽取任务，用于识别文本中特定事件类型的实例。Thien Huu Nguyen 和 Ralph Grishman[174] 研究了基于依赖树的 CNN（确切地说是 Syntactic GCN），来执行事件检测任务。Xiao Liu 等人[175] 提出了 JMEE 框架，该框架联合提取事件触发词和论元。它使用基于注意力的 GCN 对图信息进行建模，并使用句法结构中的捷径弧来增强信息流。

13.2.5 事实验证

事实验证是一项困难的任务，需要从纯文本中检索相关证据并使用该证据来验证给定的声明。更具体地说，对于给定的声明，事实验证系统需要将其标记为"支持""拒绝"或"信息不足"，分别表示证据支持、证据不支持或证据不充分。

Gabor Angeli 和 Christopher Manning[176] 将事实验证形式化为**自然语言推断任务**（natural language inference task，简称 NLI 任务）。但是，他们使用简单的证据组合方法，例如串联证据或仅处理每个证据 – 声明对。这些方法不足以掌握证据之间的关系信息和逻辑信息。实际上，许多声明需要同时整合和推理多条证据，以进行验证。

为了整合和推理来自多条证据的信息，Jie Zhou 等人 [177] 提出了基于图的证据汇总和推理框架 GEAR。具体地说，该框架首先构建一个全连接的证据图，并鼓励信息在证据之间传播，然后汇总各条证据，并采用分类器来判断证据是支持还是不支持，抑或是不充分。

如图 13-4 所示，给定声明和检索到的证据，GEAR 首先利用**句子编码器**（sentence encoder）获取声明和证据的表示。然后，它会构建一个全连接的证据图，并通过**证据推理网络**（evidence reasoning network，ERNet），在该图上的证据和推理之间传播信息。最后，它利用**证据汇总器**（evidence aggregator）来推断最终结果。

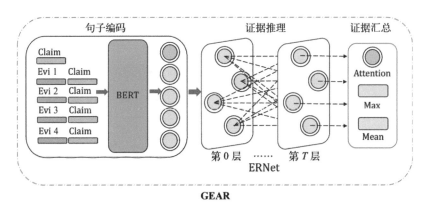

图 13-4　GEAR 框架示意图

证据推理步骤所用的 ERNet 是 GAT 的改进版本。要了解有关 ERNet 的详细信息，请参见 Jie Zhou 等人 [177] 的论文。

13.2.6 其他应用

除了上述场景，GNN 还可以应用于许多其他场景。已有几篇关于
抽象语义表示到文本生成任务的论文。在这一领域，已经有人提出了一
种基于 S-LSTM 的方法 [178] 和一种基于 GGNN 的方法 [80]。除了情感分
类任务，Kai Sheng Tai 等人 [54] 还使用 Tree-LSTM 建模两个句子的语义
相关性。Linfeng Song 等人 [179] 利用 S-LSTM 解决了多跳阅读理解问题。
另一个重要方向是关系推理，已有关系网络 [114]、交互网络 [108] 和循环
关系网络 [180] 等基于文本的方法。本书仅针对几个经典任务介绍了相关
的典型方法，我们鼓励你去发现有关 GNN 的更多论文和应用领域。

第14章

其他场景应用

除了结构化场景和非结构化场景，GNN 还在其他场景中扮演重要角色。本章将介绍生成模型和 GNN 的组合优化。

14.1　生成模型

针对真实图的生成模型因其重要应用而引起了极大的关注，这些重要应用包括对社交交互进行建模，发现新的化学结构，以及构建知识图谱等。由于深度学习方法具有学习图的隐式分布的强大能力，因此近年来基于深度学习的图生成模型激增。

NetGAN[181] 是早期的一种神经图生成模型。它通过随机游走来生成图。该模型把图生成问题转化为游走路径生成问题，后者将来自特定图的随机游走作为输入，并使用 GAN 架构训练游走生成模型。虽然生成的图保留了原始图的重要拓扑属性，但只能生成和原始图节点数量相同的新图。GraphRNN[182] 通过逐步生成每个节点的邻接向量来生成图的邻接矩阵，该矩阵可以根据具体需求输出具有不同节点数量的图。

MolGAN[183] 不会按顺序生成邻接向量，而会先生成连续数值的整块连接矩阵和节点属性矩阵,再进行离散化。得到的图通过一个基于 R-GCN 的置换不变鉴别器(permutation-invariant discriminator)得到生成分子的性质得分。它使用强化学习根据性质对生成的图进行优化。

2018 年,Tengfei Ma 等人[184] 提出了一种约束变分自编码器,以确保生成图的语义有效性。他们应用惩罚项来同时正则化节点和边的分布和类型。正则化集中在**幽灵节点**(ghost node)、**价**(valence)、**连接性**(connectivity)和**节点兼容性**(node compatibility)上。

GCPN[185] 通过强化学习整合了特定领域的规则。为了连续构造分子图,GCPN 根据当前的策略来决定是向现有分子图中添加原子或子结构,还是添加化学键以连接现有原子。该模型由分子特性奖励和对抗损失共同训练。

2018 年,Yujia Li 等人[186] 提出了一种模型。该模型按顺序生成边和节点的序列,并利用 GNN 提取当前图的隐状态。该状态用于在顺序生成过程中确定下一步的操作。

相比分子图之类的小图,Graphite[187] 更适合大图。该模型学习邻接矩阵的参数化分布。Graphite 采用编码器 – 解码器架构,其中编码器是 GNN。原论文所提出的解码器模型构造了一个中间图,并通过消息传递迭代地优化该图。

源代码生成是一项有趣的结构化预测任务,需要同时满足语义约束和句法约束。2019 年,Marc Brockschmidt 等人[188] 提出通过生成图来解决该问题。他们设计了一个新颖的模型。该模型通过添加编码了属性关系的边,基于部分 AST(抽象语法树)构建图,并使用 GNN 在图上传递消息,有助于更好地指导生成过程。

14.2 组合优化

　　图的组合优化问题是一系列 **NP 困难问题**（NP-hard problem），各个领域的科学家对此给予了很大的关注。**旅行商问题**（traveling salesman problem，TSP）等特定问题已经有了多种启发式解决方案。近年来，深度神经网络已经成为解决此类问题的热点，并且某些解决方案由于其图结构而进一步利用了图神经网络。图 14-1 展示了旅行商问题的一个示例。

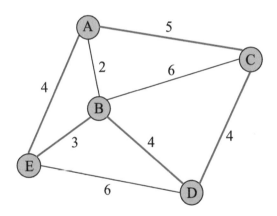

图 14-1　旅行商问题示例。节点表示城市，边表示城市间的路径，边的权重为路径长度。红线表示连接所有城市（但不经过同一座城市两次）可行的最短环路

　　2017 年，Irwan Bello 等人[189]首先提出了解决 TSP 的深度学习方法。他们的方法由两部分组成：用于奖励设置参数的指针网络[190]和用于训练的策略梯度模块[191]。这种方法已被证明与传统方法具有可比性。但是，指针网络专为文本之类的有序数据而设计，与顺序无关的编码器更适合此类工作。

Elias B. Khalil 等人 [7] 和 Wouter Kool 等人 [192] 通过引入图神经网络改进了上述方法。之前的工作首先从 structure2vec[112] 获取节点嵌入，然后将其输入到强化学习模块（Q-learning）中以进行决策。Khalil 和 Kool 等人构建了一个基于注意力的编码器 – 解码器系统，用基于注意力的解码器替换了强化学习模块，因为它对于训练更高效。这些工作提高了性能，证明了图神经网络的表示能力。2019 年，Marcelo O. R. Prates 等人 [193] 提出了另一个基于 GNN 的模型来解决 TSP。为了传递消息，该模型为每一条边都分配权重，并使用一系列对偶样本进行训练。

Alex Nowak 等人 [194] 专注于研究二次指派问题（quadratic assignment problem），即测量两个图的相似度。基于 GNN 的模型独立学习每个图的节点嵌入，并使用注意力机制将其进行匹配。即使在传统的松弛方法效果有限的情况下，该模型也能提供令人满意的性能。

第15章

开放资源

15.1 数据集

不少与图相关的任务数据已经发布，可用于测试各种图神经网络的性能。此类任务基于以下常用的数据集。

基于引用网络的一系列数据集如下。

- ❏ Pubmed[195]
- ❏ Cora[195]
- ❏ Citeseer[195]
- ❏ DBLP[196]

基于生物化学领域的一系列数据集如下。

- ❏ MUTAG[197]
- ❏ NCI-1[198]
- ❏ PPI[199]
- ❏ D&D[200]

❑ PROTEIN[201]

❑ PTC[202]

基于社交网络的一系列数据集如下。

❑ Reddit[203]

❑ BlogCatalog[204]

基于知识图谱的一系列数据集如下。

❑ FB13[205]

❑ FB15K[206]

❑ FB15K237[207]

❑ WN11[205]

❑ WN18[206]

❑ WN18RR[138]

范围更广的开源数据集存储库如下。

❑ Network Repository：具有交互式可视化和挖掘工具的科学网络数据存储库。

❑ Graph Kernel Datasets：图核（Graph Kernel）的基准数据集。

❑ Relational Dataset Repository：支持关系机器学习发展的关系数据集存储库。

❑ Stanford Large Network Dataset Collection：这是为研究大型社会和信息网络而开发的库。

❑ Open Graph Benchmark：基准数据集、数据加载器和评估程序的集合，用于在 PyTorch 中进行图机器学习。

15.2 代码实现

表 15-1 列举了一些提供图计算代码的平台。

表 15-1　图计算代码平台

平　　台	链　　接
PyTorch Geometric[208]	https://github.com/rusty1s/pytorch_geometric
Deep Graph Library[140]	https://github.com/dmlc/dgl
AliGraph[209]	https://github.com/alibaba/aligraph
GraphVite[210]	https://github.com/DeepGraphLearning/graphvite
Paddle Graph Learning	https://github.com/PaddlePaddle/PGL
Euler	https://github.com/alibaba/euler
Plato	https://github.com/tencent/plato
CogDL	https://github.com/THUDM/cogdl/
OpenNE-PyTorch	https://github.com/thunlp/openne/tree/pytorch

表 15-2 列举了一些著名 GNN 模型的当前开源实现。

表 15-2　GNN 模型的开源实现

模　　型	链　　接
GGNN（2015）	https://github.com/yujiali/ggnn
Neural FP（2015）	https://github.com/HIPS/neural-fingerprint
ChebNet（2016）	https://github.com/mdeff/cnn_graph
DNGR（2016）	https://github.com/ShelsonCao/DNGR
SDNE（2016）	https://github.com/suanrong/SDNE
GAE（2016）	https://github.com/limaosen0/Variational-Graph-Auto-Encoders
DRNE（2016）	https://github.com/tadpole/DRNE
Structural RNN（2016）	https://github.com/asheshjain399/RNNexp
DCNN（2016）	https://github.com/jcatw/dcnn
GCN（2017）	https://github.com/tkipf/gcn
CayleyNet（2017）	https://github.com/amoliu/CayleyNet
GraphSage（2017）	https://github.com/williamleif/GraphSAGE
GAT（2017）	https://github.com/PetarV-/GAT

（续）

模　　型	链　　接
CLN（2017）	https://github.com/trangptm/Column_networks
ECC（2017）	https://github.com/mys007/ecc
MPNN（2017）	https://github.com/brain-research/mpnn
MoNet（2017）	https://github.com/pierrebaque/GeometricConvolutionsBench
JK-Net（2018）	https://github.com/ShinKyuY/Representation_Learning_on_Graphs_with_Jumping_Knowledge_Networks
SSE（2018）	https://github.com/Hanjun-Dai/steady_state_embedding
LGCN（2018）	https://github.com/divelab/lgcn/
FastGCN（2018）	https://github.com/matenure/FastGCN
DiffPool（2018）	https://github.com/RexYing/diffpool
GraphRNN（2018）	https://github.com/snap-stanford/GraphRNN
MolGAN（2018）	https://github.com/nicola-decao/MolGAN
NetGAN（2018）	https://github.com/danielzuegner/netgan
DCRNN（2018）	https://github.com/liyaguang/DCRNN
ST-GCN（2018）	https://github.com/yysijie/st-gcn
RGCN（2018）	https://github.com/tkipf/relational-gcn
AS-GCN（2018）	https://github.com/huangwb/AS-GCN
DGCN（2018）	https://github.com/ZhuangCY/DGCN
GaAN（2018）	https://github.com/jennyzhang0215/GaAN
DGI（2019）	https://github.com/PetarV-/DGI
Graph WaveNet（2019）	https://github.com/nnzhan/Graph-WaveNet
HAN（2019）	https://github.com/Jhy1993/HAN
LADIES（2019）	https://github.com/acbull/LADIES
ClusterGCN（2019）	https://github.com/benedekrozemberczki/ClusterGCN
GraphSIANT（2019）	https://github.com/GraphSAINT/GraphSAINT
Graph U-Nets（2019）	https://github.com/HongyangGao/Graph-U-Nets
EigenPool（2019）	https://github.com/alge24/eigenpooling
SAGPool（2019）	https://github.com/inyeoplee77/SAGPool

　　鉴于 GNN 研究领域的迅速发展，推荐你关注我们的团队发布的论文清单[①]，以了解最新的研究成果。

[①] GNNPapers：https://github.com/thunlp/gnnpapers。

第16章
总　结

尽管 GNN 在不同的领域取得了巨大的成功，但值得注意的是，GNN 模型不足以在任何条件下为任何图都提供令人满意的解。本章将陈述一些未解决的问题，需要进一步研究。

16.1　浅层结构

为了获得更好的性能，传统的 DNN 可以堆叠数百层，这是因为更深的结构具有更多的参数，从而能够显著地提高表示能力。但是，GNN 总是很浅，大多数不超过 3 层。Qimai Li 等人[98] 的实验结果显示，堆叠多个 GCN 层将导致过度平滑问题，也就是说，所有节点都将收敛到相同的值。尽管一些研究人员设法解决了这个问题[42,98]，但这仍然是 GNN 的最大局限。在未来的研究中，设计真正的深度 GNN 是一个令人兴奋的挑战，并且将对理解 GNN 做出巨大贡献。

16.2 动态图

另一个具有挑战性的问题是如何处理具有动态结构的图。由于静态图是稳定的,因此可以对其进行建模,动态图则引入了变化的结构。当边和节点出现或消失时,GNN 无法自动更改。关于动态 GNN 的研究正在积极地开展,我们认为这将成为通用 GNN 稳定性和适应性的重要里程碑。

16.3 非结构化场景

尽管已经讨论了 GNN 在非结构化场景中的应用,但我们发现尚无基于原始数据生成图的最佳方法。在图像领域,一些研究利用 CNN 来获取特征图,然后对其进行升采样以形成超像素作为节点[57],另一些研究则直接利用某些对象检测算法来获取对象节点。在文本领域[160],一些研究采用句法树作为句法图,另一些研究则采用全连接图。因此,找到最佳的图生成方法将使得 GNN 能为更多领域做出贡献。

16.4 可扩展性

对于几乎所有图嵌入算法来说,如何在互联网规模的条件下(如社交网络或推荐系统)应用嵌入方法一直是难点,GNN 也不例外。扩展 GNN 并不容易,这是因为许多核心步骤在大数据环境中会消耗大量计算资源。关于此现象有几个示例。首先,图数据不是规则的欧几里得域数据,由于每个节点都有自己的邻域结构,因此无法应用批处理方法。其次,当有数百万个节点和边时,计算图拉普拉斯算子是不可行的。此外，我们需要指出，可扩展性决定了算法的实用性。一些研究人员提出了解决这个问题的方法[91]，这个研究方向也越来越受到关注。

总之，GNN 已经成为执行图域机器学习任务的强大且实用的工具。这一进步归因于表示能力、模型灵活性和训练算法的进步。本书详细介绍了 GNN 的各个方面。对于 GNN 模型，本书介绍了卷积图神经网络、循环图神经网络、图注意力网络和图残差网络。此外，本书还介绍了几个通用框架来统一表示不同的变体。

在应用分类方面，本书将 GNN 的应用场景分为结构化场景、非结构化场景和其他场景，并分别对每种场景中的应用进行了详述。

最后，我们提出了 4 个开放性问题，这些问题指出了 GNN 的主要挑战和未来的研究方向，包括模型深度、处理动态图的能力、非结构化场景和可扩展性。

参考文献

[1]   W. L. Hamilton, Z. Ying, J. Leskovec. Inductive representation
learning on large graphs. In Proc. of NIPS, 2017: 1024–1034.

[2]   T. N. Kipf, M. Welling. Semi-supervised classification with graph
convolutional networks. In Proc. of ICLR, 2017.

[3]   P. W. Battaglia, J. B. Hamrick, V. Bapst, *et al.* Relational inductive
biases, deep learning, and graph networks. ArXiv Preprint
ArXiv:1806.01261, 2018.

[4]   A. Sanchez, N. Heess, J. T. Springenberg, *et al.* Graph networks as
learnable physics engines for inference and control. In Proc. of ICLR,
2018: 4467–4476.

[5]   A. Fout, J. Byrd, B. Shariat, *et al.* Protein interface prediction using
graph convolutional networks. In Proc. of NIPS, 2017: 6530–6539.

[6]   T. Hamaguchi, H. Oiwa, M. Shimbo, *et al.* Knowledge transfer for
out-of-knowledge-base entities: A graph neural network approach. In
Proc. of IJCAI, 2017: 1802–1808.

[7]   E. Khalil, H. Dai, Y. Zhang, *et al.* Learning combinatorial optimization
algorithms over graphs. In Proc. of NIPS, 2017: 6348–6358.

[8]   Y. LeCun, L. Bottou, Y. Bengio, *et al.* Gradient-based learning applied
to document recognition. Proc. of the IEEE, 1998, 86(11):2278–2324.

[9] Y. LeCun, Y. Bengio, G. Hinton. Deep learning. Nature, 2015, 521(7553):436.

[10] F. R. Chung, F. C. Graham. Spectral Graph Theory. American Mathematical Society, 1997.

[11] H. Cai, V. W. Zheng, K. C.-C. Chang. A comprehensive survey of graph embedding: Problems, techniques, and applications. IEEE TKDE, 2018, 30(9):1616–1637.

[12] P. Cui, X. Wang, J. Pei, *et al.* A survey on network embedding. IEEE TKDE, 2018.

[13] P. Goyal, E. Ferrara. Graph embedding techniques, applications, and performance: A survey. Knowledge-Based Systems, 2018, 151:78–94.

[14] W. L. Hamilton, R. Ying, J. Leskovec. Representation learning on graphs: Methods and applications. IEEE Data(base) Engineering Bulletin, 2017, 40:52–74.

[15] D. Zhang, J. Yin, X. Zhu, *et al.* Network representation learning: A survey. IEEE Transactions on Big Data, 2018.

[16] T. Mikolov, K. Chen, G. Corrado, *et al.* Efficient estimation of word representations in vector space. In Proc. of ICLR, 2013.

[17] B. Perozzi, R. Al-Rfou, S. Skiena. DeepWalk: Online learning of social representations. In Proc. of SIGKDD, 2014: 701–710.

[18] A. Grover, J. Leskovec. node2vec: Scalable feature learning for networks. In Proc. of SIGKDD, 2016: 855–864.

[19] J. Tang, M. Qu, M. Wang, *et al.* LINE: Large-scale information network embedding. In Proc. of WWW, 2015: 1067–1077.

[20] C. Yang, Z. Liu, D. Zhao, *et al.* Network representation learning with rich text information. In Proc. of IJCAI, 2015: 2111–2117.

[21]   F. Monti, D. Boscaini, J. Masci, *et al*. Geometric deep learning on graphs and manifolds using mixture model CNNs. In Proc. of CVPR, 2017: 5425–5434.

[22]   J. Atwood, D. Towsley. Diffusion-convolutional neural networks. In Proc. of NIPS, 2016: 1993–2001.

[23]   D. Boscaini, J. Masci, E. Rodolà, *et al*. Learning shape correspondence with anisotropic convolutional neural networks. In Proc. of NIPS, 2016: 3189–3197.

[24]   J. Masci, D. Boscaini, M. Bronstein, *et al*. Geodesic convolutional neural networks on Riemannian manifolds. In Proc. of ICCV Workshops, 2015: 37–45.

[25]   M. M. Bronstein, J. Bruna, Y. LeCun, *et al*. Geometric deep learning: going beyond euclidean data. IEEE SPM, 2017, 34(4):18–42.

[26]   J. Gilmer, S. S. Schoenholz, P. F. Riley, *et al*. Neural message passing for quantum chemistry. In Proc. of ICML, 2017: 1263–1272.

[27]   X. Wang, R. Girshick, A. Gupta, *et al*. Non-local neural networks. In Proc. of CVPR, 2018: 7794–7803.

[28]   J. B. Lee, R. A. Rossi, S. Kim, *et al*. Attention models in graphs: A survey. ArXiv Preprint ArXiv:1807.07984, 2018.

[29]   Z. Zhang, P. Cui, W. Zhu. Deep learning on graphs: A survey. ArXiv Preprint ArXiv:1812.04202, 2018.

[30]   Z. Wu, S. Pan, F. Chen, *et al*. A comprehensive survey on graph neural networks. ArXiv Preprint ArXiv:1901.00596, 2019.

[31]   A. Krizhevsky, I. Sutskever, G. E. Hinton. Imagenet classification with deep convolutional neural networks. In Proc. of NIPS, 2012: 1097–1105.

[32]   K. Simonyan, A. Zisserman. Very deep convolutional networks for large-scale image recognition. ArXiv Preprint ArXiv: 1409.1556, 2014.

[33] C. Szegedy, W. Liu, Y. Jia, *et al.* Going deeper with convolutions. In Proc. of CVPR, 2015: 1–9.

[34] Y. Bengio, P. Simard, P. Frasconi, *et al.* Learning long-term dependencies with gradient descent is difficult. IEEE TNN, 1994, 5(2):157–166.

[35] S. Hochreiter, Y. Bengio, P. Frasconi, *et al.* Gradient flow in recurrent nets: The difficulty of learning long-term dependencies. A Field Guide to Dynamical Recurrent Neural Networks. IEEE Press, 2001.

[36] K. Cho, B. Van Merrienboer, C. Gulcehre, *et al.* Learning phrase representations using RNN encoder-decoder for statistical machine translation. In Proc. of EMNLP, 2014: 1724–1734.

[37] S. Hochreiter, J. Schmidhuber. Long short-term memory. Neural Computation, 1997, 9(8):1735–1780.

[38] M. Gori, G. Monfardini, F. Scarselli. A new model for learning in graph domains. In Proc. of IJCNN, 2005: 729–734.

[39] F. Scarselli, A. C. Tsoi, M. Gori, *et al.* Graphical-based learning environments for pattern recognition. In Proc. of Joint IAPR International Workshops on SPR and SSPR, 2004: 42–56.

[40] F. Scarselli, M. Gori, A. C. Tsoi, *et al.* The graph neural network model. IEEE TNN, 2009: 61–80.

[41] M. A. Khamsi, W. A. Kirk. An Introduction to Metric Spaces and Fixed Point Theory, volume 53. John Wiley & Sons, 2011.

[42] Y. Li, D. Tarlow, M. Brockschmidt, *et al.* Gated graph sequence neural networks. In Proc. of ICLR, 2016.

[43] M. Schlichtkrull, T. N. Kipf, P. Bloem, *et al.* Modeling relational data with graph convolutional networks. In Proc. of ESWC, 2018: 593–607.

[44] J. Bruna, W. Zaremba, A. Szlam, *et al.* Spectral networks and locally connected networks on graphs. In Proc. of ICLR, 2014.

[45] M. Henaff, J. Bruna, Y. Lecun. Deep convolutional networks on graph-structured data. ArXiv: Preprint, ArXiv: 1506.05163, 2015.

[46] D. K. Hammond, P. Vandergheynst, R. Gribonval. Wavelets on graphs via spectral graph theory. Applied and Computational Harmonic Analysis, 2011, 30(2):129–150.

[47] M. Defferrard, X. Bresson, P. Vandergheynst. Convolutional neural networks on graphs with fast localized spectral filtering. In Proc. of NIPS, 2016: 3844–3852.

[48] R. Li, S. Wang, F. Zhu, et al. Adaptive graph convolutional neural networks. In Proc. of AAAI, 2018.

[49] D. K. Duvenaud, D. Maclaurin, J. Aguileraiparraguirre, et al. Convolutional networks on graphs for learning molecular fingerprints. In Proc. of NIPS, 2015: 2224–2232.

[50] M. Niepert, M. Ahmed, K. Kutzkov. Learning convolutional neural networks for graphs. In Proc. of ICML, 2016: 2014–2023.

[51] C. Zhuang, Q. Ma. Dual graph convolutional networks for graph-based semi-supervised classification. In Proc. of WWW, 2018.

[52] H. Gao, Z. Wang, S. Ji. Large-scale learnable graph convolutional networks. In Proc. of SIGKDD, 2018: 1416–1424.

[53] K. He, X. Zhang, S. Ren, et al. Identity mappings in deep residual networks. In Proc. of ECCV, 2016: 630–645.

[54] K. S. Tai, R. Socher, C. D. Manning. Improved semantic representations from tree-structured long short-term memory networks. In Proc. of IJCNLP, 2015: 1556–1566.

[55] V. Zayats, M. Ostendorf. Conversation modeling on Reddit using a graph-structured LSTM. TACL, 2018, 6:121–132.

[56] N. Peng, H. Poon, C. Quirk, *et al*. Cross-sentence N-ary relation extraction with graph LSTMs. TACL, 2017, 5:101–115.

[57] X. Liang, X. Shen, J. Feng, *et al*. Semantic object parsing with graph LSTM. In Proc. of ECCV, 2016: 125–143.

[58] Y. Zhang, Q. Liu, L. Song. Sentence-state LSTM for text representation. In Proc. of ACL, 2018, 1:317–327.

[59] A. Vaswani, N. Shazeer, N. Parmar, *et al*. Attention is all you need. In Proc. of NIPS, 2017: 5998–6008.

[60] D. Bahdanau, K. Cho, Y. Bengio. Neural machine translation by jointly learning to align and translate. In Proc. of ICLR, 2015.

[61] J. Gehring, M. Auli, D. Grangier, *et al*. A convolutional encoder model for neural machine translation. In Proc. of ACL, 2017, 1:123–135.

[62] J. Cheng, L. Dong, M. Lapata. Long short-term memory-networks for machine reading. In Proc. of EMNLP, 2016: 551–561.

[63] P. Velickovic, G. Cucurull, A. Casanova, *et al*. Graph attention networks. In Proc. of ICLR, 2018.

[64] J. Zhang, X. Shi, J. Xie, *et al*. GaAN: Gated attention networks for learning on large and spatiotemporal graphs. In Proc. of UAI, 2018.

[65] K. He, X. Zhang, S. Ren, *et al*. Deep residual learning for image recognition. In Proc. of CVPR, 2016: 770–778.

[66] A. Rahimi, T. Cohn, T. Baldwin. Semi-supervised user geolocation via graph convolutional networks. In Proc. of ACL, 2018, 1:2009–2019.

[67] J. G. Zilly, R. K. Srivastava, J. Koutnik, *et al*. Recurrent highway networks. In Proc. of ICML, 2016: 4189–4198.

[68] T. Pham, T. Tran, D. Phung, *et al*. Column networks for collective classification. In Proc. of AAAI, 2017.

[69]　K. Xu, C. Li, Y. Tian, *et al.* Representation learning on graphs with jumping knowledge networks. In Proc. of ICML, 2018: 5449–5458.

[70]　G. Li, M. Muller, A. Thabet, *et al.* DeepGCNs: Can GCNs go as deep as CNNs? In Proc. of ICCV, 2019.

[71]　G. Huang, Z. Liu, L. Van Der Maaten, *et al.* Densely connected convolutional networks. In Proc. of CVPR, 2017: 4700–4708.

[72]　F. Yu, V. Koltun. Multi-scale context aggregation by dilated convolutions. ArXiv Preprint ArXiv:1511.07122, 2015.

[73]　M. Kampffmeyer, Y. Chen, X. Liang, *et al.* Rethinking knowledge graph propagation for zero-shot learning. In Proc. of CVPR, 2019.

[74]　Y. Zhang, Y. Xiong, X. Kong, *et al.* Deep collective classification in heterogeneous information networks. In Proc. of WWW, 2018: 399–408.

[75]　X. Wang, H. Ji, C. Shi, *et al.* Heterogeneous graph attention network. In Proc. of WWW, 2019.

[76]　H. Peng, J. Li, Q. Gong, *et al.* Fine-grained event categorization with heterogeneous graph convolutional networks. In Proc. of IJCAI, 2019.

[77]　X. Chen, G. Yu, J. Wang, *et al.* ActiveHNE: Active heterogeneous network embedding. In Proc. of IJCAI, 2019.

[78]　J. L. Gross, J. Yellen. Handbook of Graph Theory. CRC Press, 2004.

[79]　F. W. Levi. Finite Geometrical Systems: Six Public Lectures Delivered in February, 1940, at the University of Calcutta. The University of Calcutta, 1942.

[80]　D. Beck, G. Haffari, T. Cohn. Graph-to-sequence learning using gated graph neural networks. In Proc. of ACL, 2018: 273–283.

[81]　Y. Li, R. Yu, C. Shahabi, *et al.* Diffusion convolutional recurrent neural network: Data-driven traffic forecasting. In Proc. of ICLR, 2018.

[82] B. Yu, H. Yin, Z. Zhu. Spatio-temporal graph convolutional networks: A deep learning framework for traffic forecasting. In Proc. of IJCAI, 2018.

[83] A. Jain, A. R. Zamir, S. Savarese, *et al*. Structural-RNN: Deep learning on spatio-temporal graphs. In Proc. of CVPR, 2016: 5308–5317.

[84] S. Yan, Y. Xiong, D. Lin. Spatial temporal graph convolutional networks for skeleton-based action recognition. In Proc. of AAAI, 2018.

[85] Z. Wu, S. Pan, G. Long, *et al*. Graph waveNet for deep spatial-temporal graph modeling. ArXiv Preprint ArXiv:1906.00121, 2019.

[86] Y. Ma, S. Wang, C. C. Aggarwal, *et al*. Multi-dimensional graph convolutional networks. In Proc. of SDM, 2019: 657–665.

[87] M. Berlingerio, M. Coscia, F. Giannotti. Finding redundant and complementary communities in multidimensional networks. In Proc. of CIKM, 2011: 2181–2184.

[88] E. E. Papalexakis, L. Akoglu, D. Ience. Do more views of a graph help? Community detection and clustering in multi-graphs. In Proc. of FUSION, 2013: 899–905.

[89] M. R. Khan, J. E. Blumenstock. Multi-GCN: Graph convolutional networks for multi-view networks, with applications to global poverty. ArXiv Preprint ArXiv:1901.11213, 2019.

[90] Y. Sun, N. Bui, T.-Y. Hsieh, *et al*. Multi-view network embedding via graph factorization clustering and co-regularized multi-view agreement. In IEEE ICDMW, 2018: 1006–1013.

[91] R. Ying, R. He, K. Chen, *et al*. Graph convolutional neural networks for web-scale recommender systems. In Proc. of SIGKDD, 2018.

[92] J. Chen, T. Ma, C. Xiao. FastGCN: Fast learning with graph convolutional networks via importance sampling. In Proc. of ICLR, 2018.

[93] W. Huang, T. Zhang, Y. Rong, *et al*. Adaptive sampling towards fast graph representation learning. In Proc. of NeurIPS, 2018: 4563–4572.

[94] H. Dai, Z. Kozareva, B. Dai, *et al*. Learning steady-states of iterative algorithms over graphs. In Proc. of ICML, 2018: 1114–1122.

[95] J. Chen, J. Zhu, L. Song. Stochastic training of graph convolutional networks with variance reduction. In Proc. of ICML, 2018: 941–949.

[96] M. Simonovsky, N. Komodakis. Dynamic edge-conditioned filters in convolutional neural networks on graphs. In Proc. CVPR, 2017: 3693–3702.

[97] Z. Ying, J. You, C. Morris, *et al*. Hierarchical graph representation learning with differentiable pooling. In Proc. of NeurIPS, 2018: 4805–4815.

[98] Q. Li, Z. Han, X.-M. Wu. Deeper insights into graph convolutional networks for semi-supervised learning. In Proc. of AAAI, 2018.

[99] T. N. Kipf, M. Welling. Variational graph auto-encoders. In Proc. of NIPS, 2016.

[100] R. van den Berg, T. N. Kipf, M. Welling. Graph convolutional matrix completion. In Proc. of SIGKDD, 2017.

[101] S. Pan, R. Hu, G. Long, *et al*. Adversarially regularized graph autoencoder for graph embedding. In Proc. of IJCAI, 2018.

[102] P. Velickovic, W. Fedus, W. L. Hamilton, *et al*. Deep graph infomax, 2019.

[103] W. Yu, C. Zheng, W. Cheng, *et al*. Learning deep network representations with adversarially regularized autoencoders. In Proc. of SIGKDD, 2018.

[104] S. Cao, W. Lu, Q. Xu. Deep neural networks for learning graph representations. In Proc. of AAAI, 2016.

[105] D. Wang, P. Cui, W. Zhu. Structural deep network embedding. In Proc. of SIGKDD, 2016.

[106] K. Tu, P. Cui, X. Wang, *et al*. Deep recursive network embedding with regular equivalence. In Proc. of SIGKDD, 2018.

[107] Y. Hoshen. Vain: Attentional multi-agent predictive modeling. In Proc. of NIPS, 2017: 2701–2711.

[108] P. Battaglia, R. Pascanu, M. Lai, *et al*. Interaction networks for learning about objects, relations and physics. In Proc. of NIPS, 2016: 4502–4510.

[109] N. Watters, D. Zoran, T. Weber, *et al*. Visual interaction networks: Learning a physics simulator from video. In Proc. of NIPS, 2017: 4539–4547.

[110] M. Chang, T. Ullman, A. Torralba, *et al*. A compositional object-based approach to learning physical dynamics. In Proc. of ICLR, 2017.

[111] S. Sukhbaatar, R. Fergus, *et al*. Learning multi-agent communication with backpropagation. In Proc. of NIPS, 2016: 2244–2252.

[112] H. Dai, B. Dai, L. Song. Discriminative embeddings of latent variable models for structured data. In Proc. of ICML, 2016: 2702–2711.

[113] D. Raposo, A. Santoro, D. G. T. Barrett, *et al*. Discovering objects and their relations from entangled scene representations. In Proc. of ICLR, 2017.

[114] A. Santoro, D. Raposo, D. G. Barrett, *et al*. A simple neural network module for relational reasoning. In Proc. of NIPS, 2017: 4967–4976.

[115] M. Zaheer, S. Kottur, S. Ravanbakhsh, *et al*. Deep sets. In Proc. of NIPS, 2017: 3391–3401.

[116] C. R. Qi, H. Su, K. Mo, *et al*. PointNet: Deep learning on point sets for 3D classification and segmentation. In Proc. of CVPR, 2017, 1(2):4.

[117] S. Kearnes, K. McCloskey, M. Berndl, *et al*. Molecular graph convolutions: Moving beyond fingerprints. Journal of Computer-Aided Molecular Design, 2016, 30(8):595–608.

[118] K. T. Schütt, F. Arbabzadah, S. Chmiela, *et al*. Quantum-chemical insights from deep tensor neural networks. Nature Communications, 2017, 8:13890.

[119] A. Buades, B. Coll, J.-M. Morel. A non-local algorithm for image denoising. In Proc. of CVPR, 2005, 2:60–65.

[120] C. Tomasi, R. Manduchi. Bilateral filtering for gray and color images. In Computer Vision, 1998: 839–846.

[121] J. B. Hamrick, K. Allen, V. Bapst, *et al*. Relational inductive bias for physical construction in humans and machines. Cognitive Science, 2018.

[122] T. Kipf, E. Fetaya, K. Wang, *et al*. Neural relational inference for interacting systems. In Proc. of ICML, 2018: 2688–2697.

[123] T. Wang, R. Liao, J. Ba, *et al*. NerveNet: Learning structured policy with graph neural networks. In Proc. of ICLR, 2018.

[124] T. J. Hughes. The Finite Element Method: Linear Static and Dynamic Finite Element Analysis. Courier Corporation, 2012.

[125] F. Alet, A. K. Jeewajee, M. Bauza, *et al*. Graph element networks: Adaptive, structured computation and memory. In Proc. of ICML, 2019.

[126] W. Jin, R. Barzilay, T. Jaakkola. Junction tree variational autoencoder for molecular graph generation. In Proc. of ICML, 2018.

[127] W. Jin, K. Yang, R. Barzilay, *et al*. Learning multimodal graph-to-graph translation for molecular optimization. In Proc. of ICLR, 2019.

[128] G.-H. Lee, W. Jin, D. Alvarez-Melis, *et al*. Functional transparency for structured data: A game-theoretic approach. In Proc. of ICML, 2019.

[129] K. Do, T. Tran, S. Venkatesh. Graph transformation policy network for chemical reaction prediction. In Proc. of SIGKDD, 2019: 750–760.

[130] J. Bradshaw, M. J. Kusner, B. Paige, *et al.* A generative model for electron paths. In Proc. of ICLR, 2019.

[131] J. Shang, C. Xiao, T. Ma, *et al.* GAMENet: Graph augmented memory networks for recommending medication combination. In Proc. of AAAI, 2019, 33:1126–1133.

[132] J. Shang, T. Ma, C. Xiao, *et al.* Pre-training of graph augmented transformers for medication recommendation. In Proc. of IJCAI, 2019.

[133] N. Xu, P. Wang, L. Chen, *et al.* MR-GNN: Multi-resolution and dual graph neural network for predicting structured entity interactions. In Proc. of IJCAI, 2019.

[134] S. Rhee, S. Seo, S. Kim. Hybrid approach of relation network and localized graph convolutional filtering for breast cancer subtype classification. In Proc. of IJCAI, 2018.

[135] M. Zitnik, M. Agrawal, J. Leskovec. Modeling polypharmacy side effects with graph convolutional networks. Bioinformatics, 2018, 34(13):i457–i466.

[136] B. Yang, W.-t. Yih, X. He, *et al.* Embedding entities and relations for learning and inference in knowledge bases. In Proc. of ICLR, 2015.

[137] C. Shang, Y. Tang, J. Huang, *et al.* End-to-end structure-aware convolutional networks for knowledge base completion. In Proc. of AAAI, 2019, 33:3060–3067.

[138] T. Dettmers, P. Minervini, P. Stenetorp, *et al.* Convolutional 2D knowledge graph embeddings. In Proc. of AAAI, 2018.

[139] D. Nathani, J. Chauhan, C. Sharma, *et al.* Learning attention-based embeddings for relation prediction in knowledge graphs. In Proc. of ACL, 2019.

[140] P. Wang, J. Han, C. Li, *et al*. Logic attention based neighborhood aggregation for inductive knowledge graph embedding. In Proc. of AAAI, 2019, 33:7152–7159.

[141] Z. Wang, Q. Lv, X. Lan, *et al*. Cross-lingual knowledge graph alignment via graph convolutional networks. In Proc. of EMNLP, 2018: 349–357.

[142] K. Xu, L. Wang, M. Yu, *et al*. Cross-lingual knowledge graph alignment via graph matching neural network. In Proc. of ACL, 2019.

[143] F. Zhang, X. Liu, J. Tang, *et al*. OAG: Toward linking large-scale heterogeneous entity graphs. In Proc. of SIGKDD, 2019.

[144] L. Wu, P. Sun, Y. Fu, *et al*. A neural influence diffusion model for social recommendation. In Proc. of SIGIR, 2019.

[145] W. Fan, Y. Ma, Q. Li, *et al*. Graph neural networks for social recommendation. In Proc. of WWW, 2019: 417–426.

[146] Q. Wu, H. Zhang, X. Gao, *et al*. Dual graph attention networks for deep latent representation of multifaceted social effects in recommender systems. In Proc. of WWW, 2019: 2091–2102.

[147] M. Allamanis, M. Brockschmidt, M. Khademi. Learning to represent programs with graphs. In Proc. of ICLR, 2018.

[148] O. Russakovsky, J. Deng, H. Su, *et al*. ImageNet large scale visual recognition challenge. In Proc. of IJCV, 2015, 115(3):211–252.

[149] X. Wang, Y. Ye, A. Gupta. Zero-shot recognition via semantic embeddings and knowledge graphs. In Proc. of CVPR, 2018: 6857–6866.

[150] V. Garcia, J. Bruna. Few-shot learning with graph neural networks. In Proc. of ICLR, 2018.

[151] K. Marino, R. Salakhutdinov, A. Gupta. The more you know: Using knowledge graphs for image classification. In Proc. of CVPR, 2017: 20–28.

[152] C. Lee, W. Fang, C. Yeh, and Y. F. Wang. 2018a. Multi-label zero-shot learning with structured knowledge graphs. In Proc. of CVPR, 2017: 1576–1585.

[153] D. Teney, L. Liu, A. V. Den Hengel. Graph-structured representations for visual question answering. In Proc. of CVPR, 2017: 3233–3241.

[154] W. Norcliffebrown, S. Vafeias, S. Parisot. Learning conditioned graph structures for interpretable visual question answering. In Proc. of NeurIPS, 2018: 8334–8343.

[155] M. Narasimhan, S. Lazebnik, A. G. Schwing. Out of the box: Reasoning with graph convolution nets for factual visual question answering. In Proc. of NeurIPS, 2018: 2654–2665.

[156] Z. Wang, T. Chen, J. S. J. Ren, et al. Deep reasoning with knowledge graph for social relationship understanding. In Proc. of IJCAI, 2018: 1021–1028.

[157] J. Gu, H. Hu, L. Wang, et al. Learning region features for object detection. In Proc. of ECCV, 2018: 381–395.

[158] H. Hu, J. Gu, Z. Zhang, et al. Relation networks for object detection. In Proc. of CVPR, 2018: 3588–3597.

[159] S. Qi, W. Wang, B. Jia, et al. Learning human-object interactions by graph parsing neural networks. In Proc. of ECCV, 2018: 401–417.

[160] X. Chen, L.-J. Li, L. Fei-Fei, et al. Iterative visual reasoning beyond convolutions. In Proc. of CVPR, 2018: 7239–7248.

[161] X. Liang, L. Lin, X. Shen, et al. Interpretable structure-evolving LSTM. In Proc. of CVPR, 2017: 2175–2184.

[162] X. Qi, R. Liao, J. Jia, *et al.* 3D graph neural networks for RGBD semantic segmentation. In Proc. of CVPR, 2017: 5199–5208.

[163] L. Landrieu, M. Simonovsky. Large-scale point cloud semantic segmentation with superpoint graphs. In Proc. of CVPR, 2018: 4558–4567.

[164] Y. Wang, Y. Sun, Z. Liu, *et al.* Dynamic graph CNN for learning on point clouds. ArXiv Preprint ArXiv:1801.07829, 2018.

[165] H. Peng, J. Li, Y. He, *et al.* Large-scale hierarchical text classification with recursively regularized deep graph-CNN. In Proc. of WWW, 2018: 1063–1072.

[166] L. Yao, C. Mao, Y. Luo. Graph convolutional networks for text classification. In Proc. of AAAI, 2019, 33:7370–7377.

[167] D. Marcheggiani, I. Titov. Encoding sentences with graph convolutional networks for semantic role labeling. In Proc. of EMNLP, 2017: 1506–1515.

[168] J. Bastings, I. Titov, W. Aziz, *et al.* Graph convolutional encoders for syntax-aware neural machine translation. In Proc. of EMNLP, 2017: 1957–1967.

[169] D. Marcheggiani, J. Bastings, I. Titov. Exploiting semantics in neural machine translation with graph convolutional networks. In Proc. of NAACL, 2018.

[170] M. Miwa, M. Bansal. End-to-end relation extraction using LSTMs on sequences and tree structures. In Proc. of ACL, 2016: 1105–1116.

[171] Y. Zhang, P. Qi, C. D. Manning. Graph convolution over pruned dependency trees improves relation extraction. In Proc. of EMNLP, 2018: 2205–2215.

[172] H. Zhu, Y. Lin, Z. Liu, *et al.* Graph neural networks with generated parameters for relation extraction. In Proc. of ACL, 2019.

[173] L. Song, Y. Zhang, Z. Wang, *et al*. N-ary relation extraction using graph state LSTM. In Proc. of EMNLP, 2018: 2226–2235.

[174] T. H. Nguyen, R. Grishman. Graph convolutional networks with argument-aware pooling for event detection. In Proc. of AAAI, 2018.

[175] X. Liu, Z. Luo, H. Huang. Jointly multiple events extraction via attention-based graph information aggregation. In Proc. of EMNLP, 2018.

[176] G. Angeli, C. D. Manning. Naturalli: Natural logic inference for common sense reasoning. In Proc. of EMNLP, 2014: 534–545.

[177] J. Zhou, X. Han, C. Yang, *et al*. Gear: Graph-based evidence aggregating and reasoning for fact verification. In Proc. of ACL, 2019.

[178] L. Song, Y. Zhang, Z. Wang, *et al*. A graph-to-sequence model for AMR-to-text generation. In Proc. of ACL, 2018: 1616–1626.

[179] L. Song, Z. Wang, M. Yu, *et al*. Exploring graph-structured passage representation for multi-hop reading comprehension with graph neural networks, 2018.

[180] R. Palm, U. Paquet, O. Winther. Recurrent relational networks. In Proc. of NeurIPS, 2018: 3368–3378.

[181] O. Shchur, D. Zugner, A. Bojchevski, *et al*. NetGAN: Generating graphs via random walks. In Proc. of ICML, 2018: 609–618.

[182] J. You, R. Ying, X. Ren, *et al*. GraphRNN: Generating realistic graphs with deep auto-regressive models. In Proc. of ICML, 2018: 5694–5703.

[183] N. De Cao, T. Kipf. MolGAN: An implicit generative model for small molecular graphs. ICML Workshop on Theoretical Foundations and Applications of Deep Generative Models, 2018.

[184] T. Ma, J. Chen, C. Xiao. Constrained generation of semantically valid graphs via regularizing variational autoencoders. In Proc. of NeurIPS, 2018: 7113–7124.

[185] J. You, B. Liu, Z. Ying, *et al*. Graph convolutional policy network for goal-directed molecular graph generation. In Proc. of NeurIPS, 2018: 6410–6421.

[186] Y. Li, O. Vinyals, C. Dyer, *et al*. Learning deep generative models of graphs. In Proc. of ICLR Workshop, 2018.

[187] A. Grover, A. Zweig, S. Ermon. Graphite: Iterative generative modeling of graphs. In Proc. of ICML, 2019.

[188] M. Brockschmidt, M. Allamanis, A. L. Gaunt, *et al*. Generative code modeling with graphs. In Proc. of ICLR, 2019.

[189] I. Bello, H. Pham, Q. V. Le, *et al*. Neural combinatorial optimization with reinforcement learning. In Proc. of ICLR, 2017.

[190] O. Vinyals, M. Fortunato, N. Jaitly. Pointer networks. In Proc. of NIPS, 2015: 2692–2700.

[191] R. S. Sutton, A. G. Barto. Reinforcement Learning: An Introduction. MIT Press, 2018.

[192] W. Kool, H. van Hoof, M. Welling. Attention, learn to solve routing problems! In Proc. of ICLR, 2019.

[193] M. Prates, P. H. Avelar, H. Lemos, *et al*. Learning to solve NP-complete problems: A graph neural network for decision TSP. In Proc. of AAAI, 2019, 33:4731–4738.

[194] A. Nowak, S. Villar, A. S. Bandeira, *et al*. Revised note on learning quadratic assignment with graph neural networks. In Proc. of IEEE DSW, 2018: 1–5.

[195] Z. Yang, W. W. Cohen, R. Salakhutdinov. Revisiting semi-supervised learning with graph embeddings. ArXiv Preprint ArXiv:1603.08861, 2016.

[196] J. Tang, J. Zhang, L. Yao, *et al*. Arnetminer: Extraction and mining of academic social networks. In Proc. of SIGKDD, 2008: 990–998.

[197] A. K. Debnath, R. L. Lopez de Compadre, G. Debnath, *et al*. Structure-activity relationship of mutagenic aromatic and heteroaromatic nitro compounds. Correlation with molecular orbital energies and hydrophobicity. Journal of Medicinal Chemistry, 1991, 34(2):786–797.

[198] N. Wale, I. A. Watson, G. Karypis. Comparison of descriptor spaces for chemical compound retrieval and classification. Knowledge and Information Systems, 2008, 14(3):347–375.

[199] M. Zitnik, J. Leskovec. Predicting multi-cellular function through multi-layer tissue networks. Bioinformatics, 2017, 33(14):i190–i198.

[200] P. D. Dobson, A. J. Doig. Distinguishing enzyme structures from non-enzymes without alignments. Journal of Molecular Biology, 2003, 330(4):771–783.

[201] K. M. Borgwardt, C. S. Ong, S. Schönauer, *et al*. Protein function prediction via graph kernels. Bioinformatics, 2005, 21(suppl_1):i47–i56.

[202] H. Toivonen, A. Srinivasan, R. D. King, *et al*. Statistical evaluation of the predictive toxicology challenge 2000–2001. Bioinformatics, 2003, 19(10):1183–1193.

[203] W. L. Hamilton, J. Zhang, C. Danescu-Niculescu-Mizil, *et al*. Loyalty in online communities. In Proc. of ICWSM, 2017.

[204] R. Zafarani, H. Liu, Social computing data repository at ASU, 2009.

[205] R. Socher, D. Chen, C. D. Manning, *et al*. Reasoning with neural tensor networks for knowledge base completion. In Proc. of NIPS, 2013: 926–934.

[206] A. Bordes, N. Usunier, A. Garcia-Duran, *et al.* Translating embeddings for modeling multi-relational data. In Proc. of NIPS, 2013: 2787–2795.

[207] K. Toutanova, D. Chen, P. Pantel, *et al.* Representing text for joint embedding of text and knowledge bases. In Proc. of EMNLP, 2015: 1499–1509.

[208] M. Fey, J. E. Lenssen. Fast graph representation learning with PyTorch Geometric. In ICLR Workshop on Representation Learning on Graphs and Manifolds, 2019.

[209] R. Zhu, K. Zhao, H. Yang, *et al.* Aligraph: A comprehensive graph neural network platform. arXiv preprint arXiv:1902.087.30, 2019.

[210] Z. Zhu, S. Xu, M. Qu, *et al.* Graphite: A high-performance CPU-GPU hybrid system for node embedding. In The World Wide Web Conference, 2019: 2494–2504, ACM.

作者简介

刘知远

清华大学计算机科学与技术系副教授，2006 年在该系获得学士学位，2011 年获得博士学位。他的研究方向是自然语言处理和社会计算。他在 IJCAI、AAAI、ACL 和 EMNLP 等国际期刊和会议上发表了 90 多篇论文，获得引用超过 12 000 次。

周界

清华大学计算机科学与技术系硕士。他在 2016 年获得清华大学学士学位。研究兴趣包括图神经网络和自然语言处理。